普通高等教育"十三五"规划教材

C语言程序设计基础

主　审　罗锋华
主　编　方　灵　孔　璐　任剑岚
副主编　柯芬芬　刘志华　熊淑云
　　　　张　亮　金　鑫　刘金华

电子工业出版社
Publishing House of Electronics Industry
北京·BEIJING

内 容 简 介

本书是"C 语言程序设计"的入门教材，其目的是培养学生基本的程序设计能力。全书遵循 ANSI/ISO C 的标准，由具有多年教学经验和实际项目开发经验的教师用通俗易懂的语言编写而成。书中系统地介绍 C 语言程序设计所需要的基础知识及所用的开发环境；C 语言中支持结构化程序设计的 3 种结构——顺序结构、选择结构和循环结构所需要的工具；C 语言的一些高级工具，如数组、指针、结构体、共用体、文件等。

本书可作为高职高专院校计算机专业的教材，也可作为广大 C 语言爱好者的参考用书。

未经许可，不得以任何方式复制或抄袭本书之部分或全部内容。
版权所有，侵权必究。

图书在版编目（CIP）数据

C 语言程序设计基础 / 方灵，孔璐，任剑岚主编. —北京：电子工业出版社，2019.9

ISBN 978-7-121-36491-4

Ⅰ. ①C… Ⅱ. ①方… ②孔… ③任… Ⅲ. ①C 语言—程序设计—高等学校—教材 Ⅳ. ①TP312.8

中国版本图书馆 CIP 数据核字（2019）第 089255 号

责任编辑：胡辛征
印　　刷：涿州市般润文化传播有限公司
装　　订：涿州市般润文化传播有限公司
出版发行：电子工业出版社
　　　　　北京市海淀区万寿路 173 信箱　邮编　100036
开　　本：787×1 092　1/16　印张：14.5　字数：371.2 千字
版　　次：2019 年 9 月第 1 版
印　　次：2024 年 8 月第 6 次印刷
定　　价：49.80 元

凡所购买电子工业出版社图书有缺损问题的，请向购买书店调换。若书店售缺，请与本社发行部联系，联系及邮购电话：(010) 88254888，88258888。

质量投诉请发邮件至 zlts@phei.com.cn，盗版侵权举报请发邮件至 dbqq@phei.com.cn。

本书咨询联系方式：peijie@phei.com.cn。

前　　言

　　C 语言是一种融合了控制特性的现代语言，其设计使用户可以自然地采用结构化编程和模块化设计，而这种做法使编写出的程序更可靠；C 语言是一种高效的语言，用它生成的程序很紧凑且运行速度快；C 语言也是一种功能强大和灵活性强的语言，它允许访问硬件，可以操纵内存中的特定位；C 语言的可移植性极好，在一个系统上编写的 C 程序经过很少修改或不经修改就可以在其他系统上运行。

　　20 世纪 90 年代以来，很多软件开发商转向用功能更强大的 C++语言来开发大型项目，C++语言在 C 语言的基础上加入了面向对象的工具，其意图是使语言来适应问题而非让问题适应语言，基本上可以把 C++语言看作 C 语言的超集，所以学习 C 语言的同时也可以学习到 C++语言的很多知识，不管面向对象的语言如何流行，C 语言在软件产业中依然是一种最重要的工具之一，特别是在含有大量数值计算的领域和嵌入式系统的开发中。所以在未来的若干年中 C 语言仍将保持强劲的势头。

　　对于初学者来说，迈出第一步可能是较难的。多数人能够熟练地应用许多现成的软件，但一开始并不相信自己也能开发软件。其实，编程的核心在于用程序设计找到解决问题的思路。要想做到这一点，必须以逻辑方式考虑问题，训练自己以计算机能够理解的方式去表达自己的逻辑，即"计算思维"。构建一个完整的 C 语言知识体系。这需要一个比较漫长的学习过程。

　　本书力图以简短的篇幅介绍 C 语言的基本概念和基本语法，使读者通过学习可以具有初步使用 C 语言来解决问题的能力。我们也注意到，学习编程语言最重要的不是其语法和标准，而是编程思想的建立和使用语言的能力。所以在内容上我们贯穿了引导学习者建立正确思维模式的训练。

　　本书由方灵、孔璐、任剑岚担任主编，柯芬芬、刘志华、熊淑云、张亮、金鑫、刘金华担任副主编，罗锋华对全书进行了审核，具体分工如下：第 1 章、第 2 章和第 5 章由方灵编写，第 4 章、第 7 章由孔璐编写，第 6 章、第 9 章和第 10 章由柯芬芬编写，第 3 章和第 8 章由刘志华编写，任剑岚、熊淑云、张亮、金鑫、刘金华参与了本书部分内容的编写，本书由刘伟杰审稿，在此一并表示感谢！

　　由于编者水平有限，书中难免存在错误或不妥之处，敬请广大读者批评指正。

编　者

目 录

第1章 C语言概述 ··· 1
1.1 C语言的发展史 ·· 1
1.2 C语言的特点 ·· 3
1.3 算法 ··· 3
1.4 一个简单的C语言 ·· 7
1.5 C语言程序的开发环境 ·· 9
习题1 ·· 11

第2章 数据类型、运算法、表达式 ··· 13
2.1 数据类型 ·· 13
2.1.1 标识符 ·· 13
2.1.2 关键字 ·· 14
2.2 常量和变量 ·· 14
2.2.1 常量 ·· 14
2.2.2 变量 ·· 15
2.3 基本数据类型 ·· 17
2.3.1 整型数据 ·· 17
2.3.2 实型数据 ·· 19
2.3.3 字符型数据 ·· 20
2.4 运算符与表达式 ·· 22
2.4.1 C运算符 ··· 23
2.4.2 基本算术运算符 ·· 23
2.4.3 自增自减运算符 ·· 24
2.4.4 算术表达式 ·· 25
2.4.5 赋值运算符和表达式 ·· 26
2.5 强制类型转换运算符 ·· 27
2.6 逗号运算符和逗号表达式 ·· 28
习题2 ·· 29

第3章 顺序结构 ·· 31
3.1 C语句概述 ··· 31
3.2 输入输出函数 ·· 33
3.2.1 格式化输出函数 ·· 33
3.2.2 格式化输入函数 ·· 38
3.2.3 字符输入输出函数 ·· 42

3.3　顺序结构程序设计举例 ·· 42
习题 3 ··· 43

第 4 章　选择结构 ·· 47

4.1　if 语句 ··· 47
　　4.1.1　关系运算符和逻辑运算符 ··· 47
　　4.1.2　简单 if 语句格式 ··· 49
　　4.1.3　if…else 格式 ·· 50
　　4.1.4　if…else…if 格式 ··· 51
4.2　if 语句的嵌套 ··· 52
4.3　条件运算符与条件表达式 ·· 53
4.4　switch 语句 ··· 54
4.5　选择结构程序设计举例 ·· 56
习题 4 ··· 59

第 5 章　循环结构 ·· 62

5.1　while 语句 ·· 62
5.2　do…while 语句 ·· 65
5.3　for 语句 ·· 68
5.4　3 种循环语句的比较 ··· 71
5.5　循环的嵌套 ··· 72
5.6　循环体中的控制命令 ··· 76
5.7　循环结构程序设计举例 ·· 79
习题 5 ··· 83

第 6 章　数组 ·· 89

6.1　初识数组 ·· 89
6.2　一维数组 ·· 90
　　6.2.1　一维数组的定义与初始化 ··· 90
　　6.2.2　一维数组的引用 ··· 92
　　6.2.3　一维数组示例 ·· 94
6.3　二维数组及多维数组 ··· 97
　　6.3.1　二维数组的定义与初始化 ··· 97
　　6.3.2　二维数组的引用 ··· 99
　　6.3.3　二维数组示例 ·· 100
　　6.3.4　多维数组 ·· 104
6.4　字符数组与字符串 ·· 105
　　6.4.1　字符数组的定义与初始化 ··· 105
　　6.4.2　字符数组的引用 ··· 106
　　6.4.3　字符串 ·· 107

6.4.4　字符串的输入输出 ·· 108
　　6.4.5　常用的字符串处理函数 ·· 111
习题 6 ·· 116

第 7 章　函数 ·· 119

7.1　函数的定义 ·· 119
　　7.1.1　无参函数的定义 ·· 119
　　7.1.2　空函数 ·· 122
　　7.1.3　有参函数的定义 ·· 122
7.2　函数的调用 ·· 122
　　7.2.1　函数调用的一般方法 ·· 122
　　7.2.2　函数的声明 ·· 123
　　7.2.3　函数的参数与返回值 ·· 123
7.3　函数的嵌套调用 ·· 125
　　7.3.1　数组名作为函数参数 ·· 125
　　7.3.2　嵌套调用函数 ·· 125
7.4　函数的递归调用 ·· 127
7.5　局部变量和全局变量 ·· 129
7.6　应用程序举例 ·· 135
习题 7 ·· 137

第 8 章　指针 ·· 140

8.1　地址 ·· 140
8.2　指针变量 ·· 141
　　8.2.1　声明指针变量 ·· 142
　　8.2.2　指针变量的赋值 ·· 142
　　8.2.3　有关指针的运算符 ·· 143
　　8.2.4　指针操作 ·· 144
8.3　数组与指针 ·· 146
　　8.3.1　通过指针操作一维数组 ·· 147
　　8.3.2　通过指针操作二维数组 ·· 153
　　8.3.3　通过指针操作字符串 ·· 157
8.4　指针与函数 ·· 158
　　8.4.1　指针变量作为函数参数 ·· 158
　　8.4.2　返回指针值的函数 ·· 166
习题 8 ·· 168

第 9 章　结构体和共用体 ·· 172

9.1　结构体 ·· 172
　　9.1.1　结构体类型的定义 ·· 172

		9.1.2 结构体变量的定义	173
		9.1.3 结构体变量的初始化	176
		9.1.4 结构体变量的引用	177
		9.1.5 结构体变量的内存分配	179
	9.2	结构体数组	181
		9.2.1 结构体数组的定义	181
		9.2.2 结构体数组的初始化	182
		9.2.3 结构体数组的引用	183
	9.3	结构体指针	185
		9.3.1 指向结构体变量的指针	185
		9.3.2 指向结构体数组的指针	187
	9.4	结构体作为函数参数	188
	9.5	共用体	190
		9.5.1 共用体类型的定义	190
		9.5.2 共用体变量的定义	191
		9.5.3 共用体变量的初始化	192
		9.5.4 共用体变量的引用	193
	9.6	枚举类型	195
	9.7	使用 typedef 声明新类型名	198
	习题 9		198

第 10 章 文件 202

	10.1	初识文件	202
		10.1.1 文件的概念	202
		10.1.2 文件的分类	203
		10.1.3 文件的缓冲机制	204
		10.1.4 文件指针	205
	10.2	文件的打开与关闭	206
		10.2.1 使用 fopen 函数打开数据文件	206
		10.2.2 使用 fclose 函数关闭数据文件	209
	10.3	文件的顺序读写	210
		10.3.1 字符读写函数	210
		10.3.2 字符串读写函数	212
		10.3.3 数据块读写函数	214
		10.3.4 格式化读写函数	216
	10.4	文件的随机读写	218
		10.4.1 fseek 函数	219
		10.4.2 rewind 函数	220
		10.4.3 ftell 函数	222
	习题 10		222

第 1 章

C 语言概述

📖 教学前言

每一个准备学习 C 语言的人都应该清楚地了解 C 语言的发展历程，了解为什么要选择使用 C 语言，以及它有哪些特性。只有了解了 C 语言的历史和特性，才会增加学习 C 语言的信心。本章主要学习 C 语言的发展史，使读者了解 Dev C++的开发环境，掌握其中各个部分的使用方法，并能编写一个简单的应用程序以练习使用开发环境。

教学要点

通过学习，要求学生了解 C 语言的发展史、C 语言的特点、C 语言的组织结构，掌握如何使用 Dev C++开发 C 程序。

1.1　C 语言的发展史

世界上本来没有计算机，工程师因为工作需要在 20 世纪 40 年代创造了它。要使计算机能够运行起来，为人类完成各种各样的工作，工程师发明了程序设计语言，使计算机执行相应的程序。这些程序都是依靠程序设计语言编制出来的。

在众多的程序设计语言中，C 语言有其独特之处。C 语言作为一种高级程序设计语言，具有很强的方便性、灵活性和通用性。同时，它还向程序员提供了直接操作计算机硬件的功能。其具有低级语言的特点，适合各种类型的软件开发。因此，C 语言是深受软件工作者欢迎的程序设计语言。

1. 程序设计语言

要完成程序设计，自然离不开程序设计语言。在介绍 C 语言的发展史之前，先要对程序设计语言进行了解。

程序设计语言发展非常迅速，从其发展历史及功能看，大致可分为以下几种。

1）机器语言

由于计算机内部只能接收二进制代码，因此，用二进制代码 0 和 1 描述的指令称为机器指令，全部机器指令的集合构成计算机的机器语言，用机器语言编写的程序称为目标程序。只有目标程序才能被计算机直接识别和执行。但是机器语言编写的程序无明显特征，难以记忆，不便阅读和书写，且依赖于具体机种，局限性很大。机器语言属于低级语言。

2）汇编语言

汇编语言的实质和机器语言是相同的，都是直接对硬件进行操作，只不过指令采用了英文缩写的标识符，更容易识别和记忆。它同样需要编程者将每一步具体的操作用命令的形式写出来。汇编程序通常由 3 部分组成：指令、伪指令和宏指令。汇编程序的每一句指令只能对应实际操作过程中的一个很细微的动作。

3）高级语言

高级语言相对于机器语言而言，是高度封装了的编程语言，与低级语言相对。它是以人类的日常语言为基础的一种编程语言，使用一般人易于接受的文字来表示（如汉字、不规则英文或其他语言），从而使程序编写员编写更容易，亦有较高的可读性，以方便对计算机认知较浅的人。

高级语言所编制的程序不能直接被计算机识别，必须经过转换才能被执行。

2. C 语言的历史

C 语言之所以命名为 C，是因为 C 语言源自 Ken Thompson 发明的 B 语言，而 B 语言则源自 BCPL（基本组合编程语言）。

1967 年，剑桥大学的 Martin Richards 对 CPL 进行了简化，于是产生了 BCPL。

1970 年，美国贝尔实验室的 Ken Thompson 以 BCPL 为基础，设计出了很简单且很接近硬件的 B 语言（取 BCPL 的首字母），并且用 B 语言编写了第一个 UNIX 操作系统。

1972 年，美国贝尔实验室的 Dennis Ritchie 在 B 语言的基础上最终设计出了一种新的语言，他取了 BCPL 的第二个字母作为这种语言的名称，这就是 C 语言。

1973 年初，C 语言的主体完成。随着 UNIX 的发展，C 语言自身也在不断完善。直到今天，各种版本的 UNIX 内核和周边工具仍然使用 C 语言作为最主要的开发语言。

1982 年，成立了 C 标准委员会，建立了 C 语言的标准。1989 年，ANSI 发布了第一个完整的 C 语言标准——ANSI X3.159—1989，简称"C89"，人们习惯称其为"ANSI C"。C89 在 1990 年被国际标准化组织（International Standard Organization，ISO）采纳，ISO 官方给予的名称为 ISO/IEC 9899，所以 ISO/IEC 9899：1990 通常被简称为"C90"。1999 年，在做了一些必要的修正和完善后，ISO 发布了新的 C 语言标准，命名为 ISO/IEC 9899：1999，简称"C99"。

2011 年 12 月 8 日，ISO 又正式发布了新的 C 语言标准，称为 ISO/IEC9899：2011，简称"C11"。

C 语言是一门通用计算机编程语言，广泛应用于底层开发。C 语言的设计目标是提供一种能以简易的方式编译、处理低级存储器、产生少量的机器码及不需要任何运行环境支持便能运行的编程语言。

1.2　C 语言的特点

C 语言是一门面向结构的计算机编程语言，与 C++、Java 等面向对象的编程语言有所不同。

1．基本特性

（1）高级语言：它是把高级语言的基本结构和语句与低级语言的实用性结合起来的工作单元。

（2）结构式语言：它的显著特点是代码及数据的分隔化，即程序的各个部分除必要的信息交流外，彼此独立。这种结构化方式可使程序层次清晰，便于使用、维护及调试。C 语言是以函数形式提供给用户的，这些函数可进行方便地调用，并具有多种循环、条件语句控制程序流向，从而使程序完全结构化。

（3）代码级别的跨平台：由于标准的存在，使得几乎同样的 C 代码可用于多种操作系统，如 Windows、DOS、UNIX 等；也适用于多种机型。在需要进行硬件操作的场合，其优于其他高级语言。

（4）使用指针：可以直接进行靠近硬件的操作，但是 C 的指针操作不做保护，也给它带来了很多不安全的因素。C++在这方面做了改进，在保留了指针操作的同时又增强了安全性，受到了一些用户的支持，但是这些改进又增加了语言的复杂度，也为另一部分用户所诟病。Java 则吸取了 C++的教训，取消了指针操作，也取消了 C++改进中一些备受争议的地方，在安全性和适用性方面均取得了良好的效果，但其本身解释在虚拟机中运行，运行效率低于 C++、C。一般而言，C、C++、Java 被视为同一系的语言，它们长期占据着程序语言使用榜的前 3 名。

2．基本特点

（1）C 语言是一种有结构化程序设计、具有变量作用域（Variable Scope）及递归功能的过程式语言。

（2）C 语言传递参数时均以值传递（Pass by Value），但也可以传递指针。

（3）不同的变量类型可以用结构体组合在一起。

（4）只有 32 个保留字，使变量、函数命名有更多弹性。

（5）部分变量类型可以转换，如整型和字符型变量。

（6）通过指针，C 语言可以容易地对存储器进行低级控制。

（7）预编译处理，使 C 语言的编译更具有弹性。

1.3　算法

在程序设计中，算法是程序的核心，是程序设计要完成的任务的灵魂。

1. 算法的概念

所谓算法，就是为解决某一特定问题而采取的具体工作步骤和方法。

1）算法的特征

（1）有穷性（Finiteness）：算法必须能在执行有限个步骤之后终止。

（2）确切性（Definiteness）：算法的每一步骤必须有确切的定义。

（3）可行性（Effectiveness）：算法中执行的任何计算步骤都是可以被分解为基本的可执行操作步骤的，即每个计算步都可以在有限时间内完成（也称之为有效性）。

（4）输入项（Input）：一个算法有 0 个或多个输入，以刻画运算对象的初始情况，所谓 0 个输入是指算法本身确定了初始条件。

（5）输出项（Output）：一个算法有一个或多个输出，以反映对输入数据加工后的结果。没有输出的算法是毫无意义的。

2）算法的要素

（1）数据对象的运算和操作：计算机可以执行的基本操作是以指令的形式描述的。

（2）算法的控制结构：一个算法的功能结构不仅取决于所选用的操作，还与各操作之间的执行顺序有关。

2. 算法的描述方式

描述算法的方法有多种，常用的有自然语言、流程图、伪代码和 N-S 流程图等，其中，最普遍使用的是流程图。

1）自然语言

自然语言就是人们日常进行交流的语言，如汉语、英语等。用自然语言描述的算法通俗易懂，便于用户之间相互交流。但是，自然语言表示的含义往往不太严格，随意性较大，容易出现歧义性表述。另外，将自然语言描述的算法直接在计算机中进行处理存在许多困难，包括语音、语义识别方面的问题。

流程图是一种传统的算法表示法。

2）流程图

流程图是以特定的图形符号加上算法说明的图。如图 1-1 所示为流程图采用的符号。

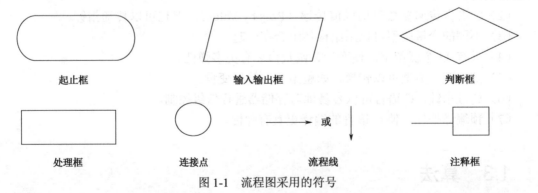

图 1-1 流程图采用的符号

说明：

① 起止框：用于一个算法的开始和结束。

② 输入输出框：算法中需要输入数据和输出数据时，用此符号框表示。

③ 判断框：算法中遇到判断而面临选择时，用此符号框表示。根据给定的条件是否成立来决定其后的操作，它有一个入口和两个出口。

④ 处理框：表示条或段顺序执行的语句。

⑤ 连接点：连接点（小圆圈）用于将画在不同地方的流程线连接在一起。

⑥ 流程线：表明算法流程的走向。

⑦ 注释框：不是流程图中必要的部分，不反映流程图的操作，只用于对流程图中某些框的操作做必要的补充说明，以帮助人们阅读流程图。

【例 1.1】描述从键盘上输入两个整数 x、y，求两个整数和的流程如图 1-2 所示。

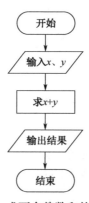

图 1-2　求两个整数和的流程图

【例 1.2】描述输入 2 个数，输出其中较大的数的流程如图 1-3 所示。

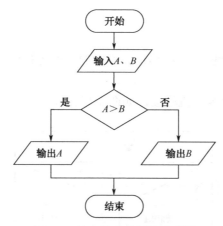

图 1-3　输出较大的数的流程图

【例 1.3】描述 1+2+3…+1000 的输出结果的流程如图 1-4 所示。

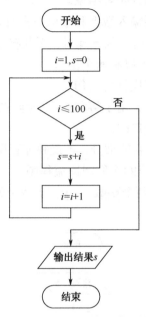

图 1-4　1+2+3+…+1000 输出结果的流程图

3）伪代码

伪代码是一种非正式的、类似于英语结构的、用于描述模块结构的语言。

【例 1.4】输入 2 个数，输出其中较大的数，可用如下伪代码表示。

```
Begin（算法开始）
输入 A, B
IF A>B 则 A→Max
否则 B→Max
Print Max
End（算法结束）
```

4）N-S 流程图

N-S 流程图也被称为盒图，是结构化编程中的一种可视化建模，在流程图中完全去掉流程线，全部算法写在一个矩形阵内，在框内可以包含其他框的流程图形式。

【例 1.5】将例 1.2 改为 N-S 流程图，如图 1-5 所示。

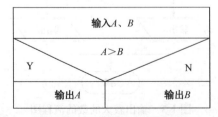

图 1-5　例 1.2 的 N-S 流程图

1.4 一个简单的 C 语言

下面通过一个简单的程序来介绍 C 语言。

1. 一个简单的 C 程序

【例 1.6】在屏幕上输出"Hello,world!"。

本例程序实现的功能是在屏幕上显示信息"Hello,world!",通过这个程序可以了解 C 语言程序的结构。

```
#include <stdio.h>                    /*调用头文件*/
int main()
{
    printf("Hello,world!\n");         /*输出显示的字符串*/
    return 0;                         /*程序返回*/
}
```

程序运行结果如图 1-6 所示。

图 1-6　例 1.6 程序运行结果

分析:

(1) #include <stdio.h>：include 是文件包含命令,stdio.h 为头部文件。

(2) int main()：声明主函数,函数的返回值为整型(int)。每一个 C 源程序都必须有且只能有一个主函数。

(3) 两个花括号中的内容称为函数体。

(4) printf("Hello,world!\n");是输出语句,每条语句以分号结尾。printf 函数的功能是把要输出的内容传到显示器上。printf 函数是一个由系统定义的标准函数,可在程序中直接调用。

(5) return 0;表示使 main 函数终止运行。

2. 写程序时应遵循的规则

(1) 一个说明或一个语句占一行。

(2) 用{}括起来的部分,通常表示程序的某一层次结构。{}一般与该结构语句的第一个字母对齐,并单独占一行。

(3) 低一层次的语句或说明,可比高一层次的语句或说明缩进若干格书写,以便看起来更加清晰,增加程序的可读性。

在编程时,应力求遵循这些规则,以养成良好的编程习惯。

3．C语言的结构特点

（1）一个C语言源程序可以由一个或多个源文件组成。

（2）每个源文件可由一个或多个函数组成。

（3）一个源程序不论由多少个文件组成，都有一个且只能有一个main函数。

（4）源程序中可以有预处理命令（include命令仅为其中的一种），预处理命令通常放在源文件或源程序的最前面。

（5）每一个说明、每一个语句都必须以分号结尾，但预处理命令、函数头和花括号"}"之后不能加分号。

（6）标识符、关键字之间必须至少加一个空格以示间隔。若已有明显的间隔符，则可不再加空格来间隔。

4．C语言的字符集

字符是组成语言的最基本元素。C语言字符集由字母、数字、空格、标点和特殊字符组成。在字符常量、字符串常量和注释中，还可以使用汉字或其他可表示的图形符号。

（1）字母：小写字母a~z（共26个），大写字母A~Z（共26个）。

（2）数字：0~9（共10个）。

（3）空白符：空格符、制表符、换行符等统称为空白符。空白符只在字符常量和字符串常量中起作用。它在其他地方出现时，只起间隔作用，编译程序会忽略它们。因此，在程序中是否使用空白符，对程序的编译不发生影响，但在程序中适当的地方使用空白符将增加程序的清晰性和可读性。

（4）标点和特殊字符。

5．C语言词汇

C语言中使用的词汇分为6类：标识符、关键字、运算符、分隔符、常量、注释符等。

1）标识符

标识符将在第2章中详细介绍。

2）关键字

关键字将在第2章中详细介绍。

3）运算符

C语言中含有相当丰富的运算符。运算符与变量、函数一起组成表达式，表示各种运算功能。运算符由一个或多个字符组成。

4）分隔符

C语言中采用的分隔符有逗号和空格两种。逗号主要用在类型说明和函数参数表中，用于分隔各个变量。空格多用于语句中各单词之间，作为间隔符使用。在关键字、标识符之间必须要有一个以上的空格符做间隔，否则将会出现语法错误，例如，把int a;写成inta;时，C编译器会把inta当作一个标识符处理，其结果必然出错。

5）常量

C语言中使用的常量可分为数字常量、字符常量、字符串常量、符号常量、转义字符等，这些内容将在第2章中专门介绍。

6）注释符

C 语言的注释符是以"/*"开头并以"*/"结尾的。在"/*"和"*/"之间的即为注释。程序编译时，不对注释做任何处理。注释可出现在程序中的任何位置。注释用来向用户提示或解释程序的意义。在调试程序时，暂不使用的语句也可用注释符括起来，使翻译跳过不做处理，待调试结束后再去掉注释符。

1.5　C 语言程序的开发环境

编写好的 C 语言程序要经过输入、编译和连接后才能形成可执行的程序。目前，程序员大多采用 Visual C++ 6.0、Dev C++来开发 C 语言程序，本章主要介绍 Dev C++开发工具的使用。

双击 Dev C++安装目录中的 devcpp.exe 文件，启动 Dev C++，进入 Dev C++主界面，如图 1-7 所示。主界面主要由菜单栏、工具栏、项目资源管理器视图、程序编辑区、编译调试区和状态栏组成。

图 1-7　Dev C++主界面

通过选择"文件"→"新建"→"源代码"选项，新建一个 C 源代码文件。编写好代码后，选择"文件"→"保存"选项保存文件，弹出"Save As"对话框，如图 1-8 所示。

图1-8 "Save As"对话框

单击"保存"按钮，返回Dev C++主界面，在程序编辑区中编写好代码后，即可运行。运行程序的方式有以下3种。

（1）在Dev C++的菜单栏中选择"运行"→"编译运行"选项。

（2）按快捷键"F11"。

（3）单击图标。

如程序有错误，光标将会停留在第一个出错处，并在编译调试区中显示错误提示信息，如图1-9所示。

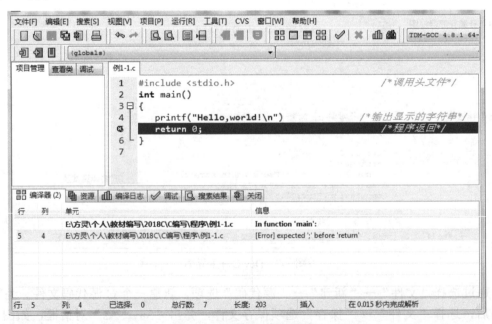

图1-9 编译错误提示信息

习 题 1

一、填空题

1. 在 C 语言中，每条语句必须以_____结尾。
2. 在 C 语言中，注释用_____符号表示。
3. 一个 C 源程序中至少应包含一个_____函数。
4. C 语言的词汇分为 6 类：标识符、关键字、_____、分隔符、_____、注释符。
5. C 语言中采用的分隔符有_____和_____两种。

二、程序阅读题

1. 写出以下程序的运行结果。

```
#include <stdio.h>
void main()
{
    int a,b,sum;
    a=100;b=200;
    sum=a+b;
    printf("sum is %d\n",sum);
}
```

2. 写出以下程序的运行结果。

```
#include <stdio.h>
int max(int x,int y);
void main()
{
    int a,b,c;
    scanf("%d,%d",&a,&b);
    c=max(a,b);
    printf("max=%d",c);
}
int max(int x,int y)
{
    int z;
    if(x>y)
        z=x;
    else
        z=y;
    return (z);
}
```

三、编程题

1. 用 C 语言编程在屏幕上显示"您好,欢迎学习 C 语言!"。
2. 编程,在屏幕上显示以下两行文字。

```
Welcome to the C language world!
Everyone has been waiting for.
```

3. 编程,在屏幕上分行输出自己的学号、姓名和班级。

第 2 章

数据类型、运算法、表达式

📖 教学前言

在程序设计语言中,C 语言是十分重要的,学好 C 语言可以很容易地掌握任何一门编程语言,因为各语言会有一些共性存在。同时,一个好的程序员在编写代码时,一定要有规范性,因为清晰、整洁的代码才是有价值的。本章主要学习 C 语言的基本数据类型、常量与变量的知识,只有明白这些知识才可以编写程序。

教学要点

通过学习,要求学生掌握 C 语言的数据类型、常量及其类型、变量及其类型、运算符和表达式,区分变量的各种存储类别。

2.1 数据类型

数据是计算机程序处理的所有信息的总称,数值、字符、文本等都是数据。在 C 语言程序中,程序在运行时要做的就是处理数据,程序要解决复杂问题,就要处理不同的数据。程序中使用的所有数据都必须指定其数据类型。数据类型是指数据在内存中的表现形式,不同的数据类型在内存中的存储方式是不同的,在内存中所占的字节数也是不同的。在 C 语言中,数据类型可以分为基本类型、构造类型、指针类型、空类型 4 类,具体如图 2-1 所示。

2.1.1 标识符

在 C 语言中,标识符是对变量名、函数名、标号和其他各种自用户定义对象的命名。
标识符由字母(A~Z、a~z)、数字(0~9)、下画线(_)组成,并且标识符的第一个字符必须是字母或下画线。例如,正确的标识符有 arc、x1、xy_to。

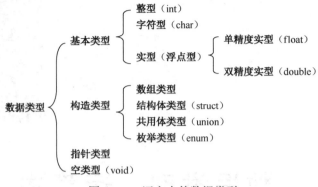

图 2-1　C 语言中的数据类型

注意事项：

不能以 C 语言关键字作为用户标识符，如 if、for、while 等。

标识符对字母大小写敏感，即严格区分字母大小写。一般而言，变量名用小写字母，符号常量命名用大写字母。

标识符命名应做到"见名知意"，例如，长度使用 length，求和、总计使用 sum，圆周率使用 pi 等。

C 语言中把标识符分为 3 类：关键字、预定义标识符、用户自定义标识符。

2.1.2　关键字

关键字是具有固定名称和特定含义的特殊标识符，也称为保留字。ANSI C 标准 C 语言共有 32 个关键字，如表 2-1 所示。

表 2-1　C 语言中的关键字

auto	break	case	char	const	continue	default	do
double	else	enum	extern	float	for	goto	if
int	long	register	return	short	signed	sizeof	static
struct	switch	typedef	union	unsigned	void	volatile	while

C 语言的关键字分为以下几类。

（1）类型说明符：用于定义、说明变量、函数或其他数据结构的类型，如前面例题中用到的 int、double 等。

（2）语句定义符：用于表示一个语句的功能，如 if else 就是条件语句的语句定义符。

（3）预处理命令字：用于表示一个预处理命令，如前面各例中用到的 include。

2.2　常量和变量

在 C 语言中，基本数据按其取值是否可改变分为常量和变量两种形式。

2.2.1　常量

常量就是在程序执行过程中其值不发生改变的量。

1. 常量的分类

常量可以和数据类型结合起来进行分类，如整型常量、字符型常量、实型常量、字符串常量、符号常量等。

整型常量和实型常量又称为数值型常量，它们有正负之分。例如，12、45、-21 为整型常量，-2.45、7.9 为实型常量，'a'、'B'为字符常量，"aec"、"world"为字符串常量。

2. 符号常量

在 C 语言中，可以用一个标识符来表示一下常量，称之为符号常量。

符号常量采用宏定义，其一般格式如下。

```
#define 标识符 常量
```

其中，#define 也是一条预处理命令（预处理命令都以"#"开头），称为宏定义命令（在后面预处理程序中将进一步介绍），其功能是把该标识符定义为其后的常量值。一经定义，以后在程序中所有出现该标识符的地方均代之以该常量值。

【例 2.1】求圆的面积。

```c
#include <stdio.h>
#define PI 3.14              /*定义了一个符号常量PI，值为3.14*/
int main()
{
    double r,s;
    printf("请输入半径的值：");
    scanf("%lf",&r);
    s=PI*r*r;
    printf("半径为%.2lf 圆的面积是%lf\n",r,s);
    return 0;
}
```

程序运行结果如图 2-2 所示。

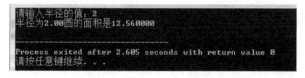

图 2-2　例 2.1 程序运行结果

注意事项：

（1）宏定义必须以#define 开头，标识符和常量之间不加等于号，行末不加分号。

（2）宏定义#define 应该放在函数外部，这样可以控制到程序结束。

（3）符号常量的标识符使用大写字母，变量标识符使用小写字母，以示区分。

2.2.2　变量

在程序运行过程中，其值可以改变的量称为变量。程序中所使用的每一个变量在使用之前都要先进行类型定义，即"先定义，后使用"。程序中用到的所有变量都必须有一个名称作为标识,变量的名称由用户自己定义。

1.变量的定义

变量定义的一般格式如下。

[类别标识符]　类型标识符　变量名表;

其中,方括号的内容是可选的,用来说明变量名表中变量的存储类别,类别标识符名包括 auto(自动)、register(寄存器)和 static(静态);变量名表由一个或多个变量组成,每个变量之间用逗号分隔。注意,变量名和变量值是两个不同的概念。图 2-3 所示为变量存储的示意图。

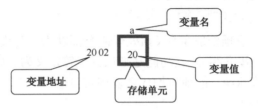

图 2-3　变量存储的示意图

【例 2.2】int x,y,z;　　　/*定义了 3 个整型变量 x、y、z,且其为自动变量*/
系统默认的类别标识符是 auto。

2.变量的赋值

要为变量赋值,可以使用数据输入的方法,如通过函数 scanf()为变量赋值,也可以采用以下直接赋值的方法。

变量赋值的一般格式如下。

变量 = 表达式;

其中,"="为赋值号,而不是等于号。

【例 2.3】a=4+b;表示把 4+b 的值赋给变量 a,此时,b 必须已有确定的值。

3.变量的初始化

在定义变量时,给变量赋值称为变量的初始化。

【例 2.4】int i=3, j;表示在定义变量 i 和 j 的同时给变量赋值为 3,即对变量 i 进行了初始化。

【例 2.5】int i,j; i=3;表示先定义两个整型变量 i 和 j,再对变量 i 赋值 3,不是初始化。

关于变量的使用,要注意以下几点。

(1)变量名必须符合标识符命名规则。

(2)变量必须"先定义,后使用"。

(3)像常量一样,变量也可以和数据类型结合起来进行分类,如有整型变量、实型变量、字符型变量就是不同类型的变量。

2.3 基本数据类型

C 语言提供了丰富的数据类型，其中最常用的是基本数据类型。不同类型的数据，其长度也不同。在使用之前，必须先声明数据类型，以便为其分配相应的存储单元。下面依次介绍整型、实型和字符型数据。

2.3.1 整型数据

1．整型数据的分类

C 语言中的整型数据有短整型（short）、基本整型（int）、长整型（long int）、无符号型（unsigned）。若不指定变量为无符号型，则变量默认为有符号型（signed）。

不同的编译系统或计算机系统对这几类整型数据所占用的字节数有不同的规定。表 2-2 所示为整型数据的存储长度和取值范围。

表 2-2 整型数据的存储长度和取值范围

类 型	类 型 名	存 储 长 度	取 值 范 围
整型	int	4（16 位）	$-2^{31} \sim 2^{31}-1$（-2147483648～2147483647）
短整型	short	2（16 位）	$-2^{15} \sim 2^{15}-1$（-32768～32767）
长整型	long	4（32 位）	$-2^{31} \sim 2^{31}-1$（-2147483648～2147483647）
无符号整型	unsigned int	4（16 位）	$0 \sim 2^{32}-1$（0～4294967295）
无符号短整型	unsigned short	2（16 位）	$0 \sim 2^{16}-1$（0～65535）
无符号长整型	unsigned long	4（32 位）	$0 \sim 2^{32}-1$（0～4294967295）

2．整型数据在内存中的存储形式

整型数据在内存中以二进制形式存放，事实上其是以补码形式存放的。正整数的补码与原理相同，负整数按补码、无符号整数按原码形式存放。

3．整型常量

整型常量有十进制整型常量、八进制整型常量和十六进制整型常量 3 种。在每种常量后加 l 或 L 表示十进制长整型常量、八进制长整型常量和十六进制长整型常量。

（1）十进制整型常量：以 0～9 十个数字表示的是十进制整数。例如，45、-39 等是十进制整型常量，12L、258l 等是十进制长整型常量。

（2）八进制整型常量：以数字 0 开头，用 0～7 八个数字表示的是八进制整数。例如，023、-076 等是八进制整型常量，054L、064l 等是八进制长整型常量，而 028 是非法的八进制整型常量。

（3）十六进制整型常量：以 0X 或 0x 开头，用 0～9 或字母 A～F 或 a～f 表示的是十六进制整数。例如，0x45、0X29AF、-0x78ae 等是十六进制整型常量，0X29EFL、0x75l 等是十六进制长整型常量。

4．整型变量

整型变量可分为以下 6 种。

(1) 有符号基本整型：[signed] int。
(2) 无符号基本整型：unsigned [int]。
(3) 有符号短整型：[signed] short [int]。
(4) 无符号短整型：unsigned short [int]。
(5) 有符号长整型：[signed] long [int]。
(6) 无符号长整型：unsigned long [int]。

【例 2.6】整形变量的定义。

```
short   a;              /*定义 a 为短整型变量*/
int i,j,k;              /*定义 i、j、k 为基本整型变量*/
long  x,y;              /*定义 x、y 为长整型变量*/
```

【例 2.7】整型变量的定义和使用。

```
#include <stdio.h>
int main()
{
    int  a,b,c,d;
    unsigned x;
    a=34;b=-12;x=20;
    c=a+x;d=b+x;
    printf("c=%d,d=%d\n",c,d);
    return 0;
}
```

程序运行结果如图 2-4 所示。

```
c=54,d=8

Process exited after 0.01344 seconds with return value 0
请按任意键继续. . .
```

图 2-4　例 2.7 程序运行结果

【例 2.8】整型数据的运算。

```
#include <stdio.h>
int main()
{
    short  a,b;
    a=32767;
    b=a+1;
    printf("a=%d,b=%d\n",a,b);
    return 0;
}
```

程序运行结果如图 2-5 所示。

图 2-5 例 2.8 程序运行结果

注意事项：

一个短整型变量只能容纳-32768～32767 中的数字，无法表示大于 32767 或小于-32768 的数字，遇到例 2.8 的情况就会发生数据"溢出"现象，但运行并不报错。因此，在计算时要尽量避免"临界数据的运算"。

2.3.2 实型数据

1．实型常量

实型常量即实数，它只有十进制这一种数制，但有两种不同的表现形式。

1）一般形式

一般形式的实数由数字、小数点及正负号组成，如 1.34、-2.5 等。

2）指数形式

实数的指数形式是将形如 $a×10^b$ 的数值表示成如下形式：aEb 或 aeb，例如，123e3 或 123E3；其中的 e 或 E 之前必须有数字，指数必须为整数。

2．实型变量

实型变量主要有单精度型（float）、双精度型（double），表 2-3 所示为实型数据的存储长度、取值范围和有效数字

表 2-3 实型数据的存储长度、取值范围和有效数字

类 型 名	存 储 长 度	取 值 范 围	有 效 数 字
float	4 字节	$±(3.4×10^{-38}～3.4×10^{38})$	6～7 位
double	8 字节	$±(1.7×10^{-308}～1.7×10^{308})$	15～16 位

实型变量都是有符号的，每一种变量原型都必须先定义后使用，实型变量的定义格式与整型变量相同。与整型变量不同，实型变量是按指数形式存储的，系统将实型数据分为小数部分和指数部分分别存放。

【例 2.9】实型变量的定义。

```
float  a,b;              /*定义 a、b 为单精度型变量*/
double x,y=2.0;          /*定义 x、y 为双精度型变量，并为 y 赋初值 2.0*/
```

【例 2.10】实型数据的舍入误差（实型变量只能保证 7 位有效数字）。

```
#include <stdio.h>
int main()
{
    float a;
    a = 1234.1415926;
    printf("a=%f\n",a);
```

```
        return 0;
}
```

程序运行结果如图 2-6 所示。

图 2-6 例 2.10 程序运行结果

2.3.3 字符型数据

由于字符在计算机中是按 ASCII 码形式存储的，因此 C99 把字符型数据作为整数类型的一种。但字符数据在使用时又有自己的特点。

1．字符与字符代码

在程序中，并不是任意的字符或字符代码都能被识别。例如，×、≥、≤、≠等符号在程序中是不能被识别的，因此，在编写程序的时候，只能使用系统规定的字符集中的字符，目前大多数的系统采用的是 ASCII 码字符集。

2．字符常量

字符常量是用两个英文单引号括起来的单个字符集。例如，'a'、'J'、'8'。

字符常量在内存中占 1 字节，存放的是字符 ASCII 码值。例如，字符常量'a'的 ASCII 码值为 97，字符常量'A'的 ASCII 码值为 65。

在 C 语言中，字符常量有以下几个特点。

（1）字符常量只能用单引号括起来，不能用双引号或其他括号。

（2）字符常量只能是单个字符，不能是字符串。

（3）字符可以是字符集中的任意字符。例如，'6'和 6 是不同的，'6'是字符常量。

3．转义字符常量

转义字符是以 "\" 开头的具有特殊含义的字符。常用的转义字符、含义和其 ASCII 值（十进制）如表 2-4 所示。

表 2-4 常用的转义字符及其含义

转义字符	含义	ASCII 码值（十进制）
\a	响铃（BEL）	007
\b	退格（BS），将当前位置移到前一列	008
\f	换页（FF），将当前位置移到下页开头	012
\n	换行（LF），将当前位置移到下一行开头	010
\r	回车（CR），将当前位置移到本行开头	013

续表

转义字符	意 义	ASCII 码值（十进制）
\t	水平制表（HT）（跳到下一个 Tab 位置）	009
\v	垂直制表（VT）	011
\\	代表一个反斜线字符'\'	092
\'	代表一个单引号（撇号）字符	039
\"	代表一个双引号字符	034
\?	代表一个问号	063
\0	空字符（NULL）	000
\ooo	1～3 位八进制数所代表的任意字符	3 位八进制
\xhh	1 或 2 位十六进制数所代表的任意字符	2 位十六进制

【例 2.11】转义字符的使用。

```
#include <stdio.h>
int main()
{
    printf("my name is John!\n");
    printf("\101\x42\\\n");
    return 0;
}
```

程序运行结果如图 2-7 所示。

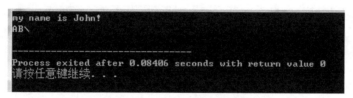

图 2-7　例 2.11 程序运行结果

4．字符串常量

字符串常量是由英文双引号括起来的一串字符。例如，"How are you!"、"abEf"等。

C 语言规定：在每个字符的最后自动加入一个'\0'作为字符串的结束标志。例如，字符常量'a'占 1 字节，而字符串常量"a"占 2 字节；""代表一个空串，占 1 字节，用于存放'\0'。

注意事项：

字符串只能是常量，C 语言中没有字符串变量。

5．字符型变量

字符型变量是用来存放字符型数据的，并且只能存放一个字符。在 C 语言中，字符型变量使用关键字 char 定义，在定义的同时可以初始化。

【例 2.12】字符型变量的定义和初始化。

```
char c1,c2,c3;          /*定义了c1、c2、c3 为字符型变量*/
char ch='a';            /*定义了ch 为字符型变量，并为ch 赋初始值'a'*/
```

一个字符型变量在内存中占 1 个字节，在内存中，字符变量的值就是该字符的 ASCII

码值，这使得字符型数据和整型数据之间具有通用性，即作为整数参加运算，按整数形式输出；ASCII 码值范围内的整数也可以按字符型数据来处理，按字符型形式输出。

【例 2.13】将两个整数分别赋给两个字符型变量，再将字符型数据按字符和整数形式输出。

```c
#include <stdio.h>
int main()
{
    char c1=66,c2=68;
    printf("%c %c\n",c1,c2);
    printf("%d %d\n",c1,c2);
    return 0;
}
```

程序运行结果如图 2-8 所示。

```
B D
66 68
--------------------------------
Process exited after 0.01297 seconds with return value 0
请按任意键继续. . .
```

图 2-8　例 2.13 程序运行结果

【例 2.14】将大写字母转换为小写字母输出。

```c
#include <stdio.h>
int main()
{
    char c1,c2;
    printf("请输入一个大写字母\n");
    scanf("%c",&c1);
    c2=c1+32;
    printf("c1=%c,c2= %c\n",c1,c2);
    return 0;
}
```

程序运行结果如图 2-9 所示。

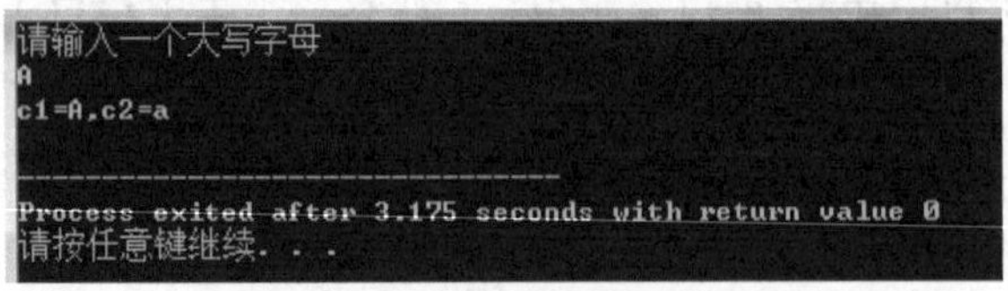

```
请输入一个大写字母
A
c1=A,c2=a

Process exited after 3.175 seconds with return value 0
请按任意键继续. . .
```

图 2-9　例 2.14 程序运行结果

2.4　运算符与表达式

C 语言中的运算符和表达式数量之多，在高级语言中是少见的。丰富的运算符和表达式使得 C 语言功能十分完善。这也是 C 语言的主要特点之一。

C语言的运算符不仅具有不同的优先级，还有一个特点——结合性。在表达式中，各运算符参与运算的先后顺序不仅要遵守运算符优先级别的规定，还要受运算符结合性的制约，以便确定是自左向右进行运算还是自右向左进行运算。这种结合性是其他高级语言的运算符所没有的，因此也增加了C语言的复杂性。

2.4.1 C运算符

C语言提供了以下运算符。

（1）算术运算符：+、-、*、/、%、++、--。
（2）关系运算符：>、<、==、>=、<=、!=。
（3）逻辑运算符：&&、||、!。
（4）位运算符：~、<<、>>、&、^、++、--。
（5）赋值运算符：=、/=、*=、%=、+=、-=、>>=、<<=、&=、^=、|=。
（6）条件运算符：? :。
（7）逗号运算符：,。
（8）指针运算符：*和&。
（9）求字节数运算符：sizeof。
（10）强制类型转换运算符：（类型）。
（11）成员运算符：.、—>。
（12）下标运算符：[]。
（13）其他运算符：()函数类等运算符。

运算符的优先级：C语言中，运算符的运算优先级共分为15级，1级最高，15级最低。在表达式中，优先级较高的先于优先级较低的进行运算。而在一个运算量两侧的运算符优先级相同时，按运算符的结合性所规定的结合方向进行处理。

运算符的结合性：C语言中各运算符的结合性分为两种，即左结合性（自左至右）和右结合性（自右至左）。例如，算术运算符的结合性是自左至右，即先左后右。

2.4.2 基本算术运算符

基本算术运算符是数据处理中常用的一种运算符，C语言共有5种算术运算符：+（加法运算符）、-（减法运算符）、*（乘法运算符）、/（除法运算符）、%（求余运算符）。其中，求余运算符又称为模运算符。

（1）加法运算符"+"：加法运算符为双目运算符，即应有两个量参与加法运算。例如，a+b、4+8等。其具有右结合性。但"+"也可做正值运算符，此时为单目运算，如+x、+5等具有左结合性。

（2）减法运算符"-"：减法运算符为双目运算符，如 a-b、5-6。但"-"也可做负值运算符，此时为单目运算，如-x、-5等具有左结合性。

（3）乘法运算符"*"：双目运算符，具有左结合性，如5*6、a*b。

（4）除法运算符"/"：双目运算符，具有左结合性。当参与运算的量均为整型时，结果也为整型，舍去小数部分。如果运算量中有一个是实型，则结果为双精度实型。例如，4/5的值为0，-12/8的值为-1，1.0/2的值为0.500000，2.0/2.0的值为1.000000。

（5）求余运算符（模运算符）"%"：双目运算符，具有左结合性，要求参与运算的量均为整型。求余运算的结果等于两数相除后的余数。例如，5%3 的值是 2，1%5 的值为 1。

2.4.3 自增自减运算符

1. 功能

自增运算符即"++"，其功能是使变量的值自增 1。
自减运算符即"--"，其功能是使变量的值自减 1。

2. 运算对象

自增自减运算符都是单目运算符，只能对单个变量进行操作，而不能操作常量或表达式。自增自减运算符实质上是在原来变量的基础上自增（减）1，最后的值要重新赋给原变量。由于常量和表达式自身没有存储单元，自增（减）后的值无法保存，故都不能做自增自减运算。例如，3++、(m+n)--等都是非法的。

3. 使用形式

自增自减运算符的使用形式有前缀形式和后缀形式两种。
前缀形式：运算符在变量前，例如，++i、--i（在使用 i 之前，先使 i 的值加（减）1）。
后缀形式：运算符在变量后，例如，i++、i--（在使用 i 之后，使 i 的值加（减）1）。

【例 2.15】自增自减运算符的使用。

```c
#include <stdio.h>
int main()
{
    int i=1;
    printf("%d\n",++i);
    printf("%d\n",i++);
    printf("%d\n",i--);
    printf("%d\n",--i);
    printf("%d\n",-i++);
    printf("%d\n",-i--);
    return 0;
}
```

程序运行结果如图 2-10 所示。

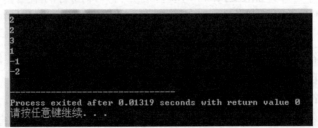

图 2-10　例 2.15 程序运行结果

4．优先级与结合性

属于单目运算符的自增自减运算符的优先级为 2 级，运算时结合性为"自右至左"。

例如，若要计算 j=-i++;的值，则必须计算出-i++表达式的值并赋给变量 j。在运算-i++表达式时，由于自增运算符"++"和负号运算符"-"的类型、优先级和结合方向都相同，所以按照 C 语言的规定，优先级相同的运算先后次序由结合方向来决定，故表达式执行-(i++)操作。若变量 i=1，则运算时先用 i 的原值 1 加上负号赋给变量 j，j=-1，然后 i 增值为 2，最终结果为 j=-1，i=2。

5．自增自减运算符连续多次出现在一个表达式中

C 语言的表达式中允许使用一个以上的赋值运算符、自增运算符和自减运算符。这种灵活性使程序更加简洁，但同时使程序的可读性变差且易于发生错误，而且不同的编译系统对这样的程序运行所得的结果也各不相同。以下主要以 Dev C++编译环境为例进行分析。

【例 2.16】 自增自减运算符在 Dev C++编译环境中的使用。

```c
#include <stdio.h>
int main()
{
    int i=3,j=3,x,y;
    x=(i++)+(i++)+(i++);
    printf("x=%d,i=%d\n",x,i);
    y=(++j)+(++j)+(++j);
    printf("y=%d,j=%d\n",y,j);
    return 0;
}
```

程序运行结果如图 2-11 所示。

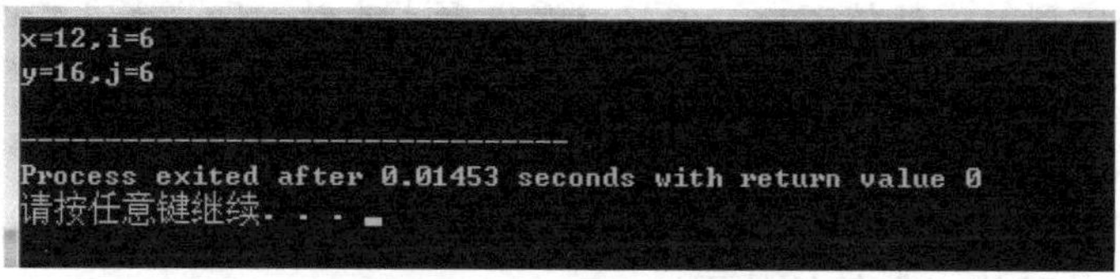

```
x=12,i=6
y=16,j=6

Process exited after 0.01453 seconds with return value 0
请按任意键继续. . .
```

图 2-11　例 2.16 程序运行结果

在程序中，由于 Dev C++编译器会从左到右扫描表达式，并且合并尽可能多的字符作为一个运算符。x=(i++)+(i++)+(i++)应理解为先计算第一个 i++与第二个 i++之和，故为 3+4 等于 7，此时 i 的值为 5，再加上第三个 i++即加 5，所以 x 值为 12，i 再自增 1，相当于 i 的最后值为 6。而对于 y=(++j)+(++j)+(++j)，先进行两个++j 计算，得到两个 5 相加之和，再进行第三个（++j）操作，此时 j 的值变为 6，参与表达式运算的值也为 6，所以最后的计算结果为 y=16，j=6。

2.4.4　算术表达式

表达式是由常量、变量、函数和运算符组合起来的式子。一个表达式有一个值及其类

型，它们等于计算表达式所得结果的值和类型。表达式求值按运算符的优先级和结合性规定的顺序进行。单个的常量、变量、函数可以看作表达式的特例。

算术表达式是用算术运算符和括号将运算对象（也称操作数）连接起来的、符合 C 语法规则的式子。例如，a+b、(a*2)/c、(x+y)*3−(a+b)/2、sin(x)+sin(y)、(++i)+(j++)都是算术表达式。

2.4.5 赋值运算符和表达式

在 C 语言中，赋值运算符分为简单赋值运算符和复合赋值运算符。

1. 简单赋值运算符及表达式

简单赋值运算符用"="表示，由"="连接的式子称为赋值表达式，其格式如下。

> 变量=表达式

例如，表达式 x=5 的作用是将 5 赋给变量 x；表达式 a=b 的作用是将变量 b 存储单元中的数据赋给变量 a，a 中原有的数据被替换，赋值后，变量 b 中的内容不变。

赋值表达式的功能是计算表达式的值并赋给"="左边的变量。赋值运算符具有右结合性。例如，a=b=c=3+5 可理解为 a=(b=(c=3+5))。

注意事项：

（1）赋值运算符的左边必须是变量，右边可以是常量、变量、函数调用或者表达式。例如，x =a+b、s=max(x,y)都是合法的赋值表达式，而 x+y=a 是非法的。

（2）赋值符号"="不同于数学中的等号，C 语言中等号用其他符号来表示。

（3）如果赋值运算符两边的数据类型不相同，则系统将自动进行类型转换，即把赋值号右边的类型换成赋值号左边的类型。具体规定如下。

① 实型赋给整型时，舍去小数部分。

② 整型赋给实型时，数值不变，但将以浮点形式存放，即增加小数部分（小数部分的值为 0）。

③ 字符型赋给整型时，由于字符型为一个字节，而整型为两个字节，故将字符的 ASCII 码值放在整型量的低 8 位中，高 8 位为 0。整型赋给字符型时，只把低 8 位赋给字符量。

【例 2.17】简单赋值运算符的使用。

```c
#include <stdio.h>
int main()
{
    int a,b=65,c;
    float x,y=4.5;
    char c1='a',c2;
    a=y;
    x=b;
    c=c1;
    c2=b;
    printf("a=%d, x=%f, c=%d, c2=%c",a,x,c,c2);
    return 0;
}
```

程序运行结果如图 2-12 所示。

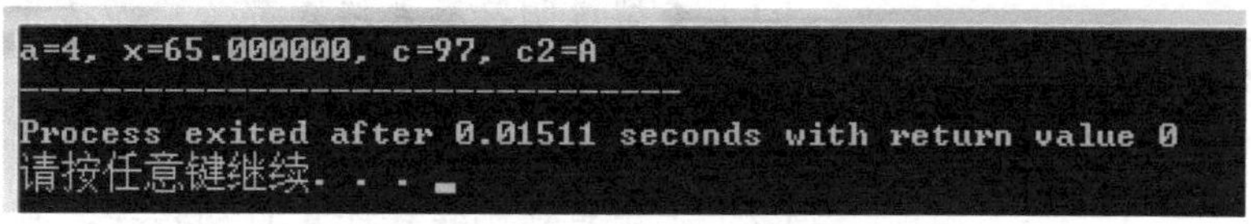

```
a=4, x=65.000000, c=97, c2=A
--------------------------------
Process exited after 0.01511 seconds with return value 0
请按任意键继续. . .
```

图 2-12 例 2.17 程序运行结果

2. 复合赋值运算符及表达式

复合赋值运算符由一个双目运算符和一个赋值运算符构成。例如，+=、-=、*=、/=、%=都是复合赋值运算符。例如，a+=5 等价于 a=a+5，x*=y+7 等价于 x=x*(y+7)。

2.5 强制类型转换运算符

强制类型转换是通过类型转换运算来实现的。其功能是把表达式的运算结果强制转换成类型说明符所表示的类型。其一般格式如下。

（类型说明符）（表达式）

例如：

(float) a   把 a 转换为浮点型
(int) (x+y)   把 x+y 的结果转换为整型
(double) x+y   把 x 转换为双精度型后与 y 相加

自动转换指在源类型和目标类型兼容，以及目标类型广于源类型时发生一个类型到另一类的转换。

【例 2.18】强制类型转换运算符的使用。

```c
#include <stdio.h>
int main()
{
    float f=6.66;
    printf("f=%d,  f=%f\n",(int)f,f);
    return 0;
}
```

程序运行结果如图 2-13 所示。

```
f=6,  f=6.660000
--------------------------------
Process exited after 0.01123 seconds with return value 0
请按任意键继续. . .
```

图 2-13 例 2.18 程序运行结果

注意事项：

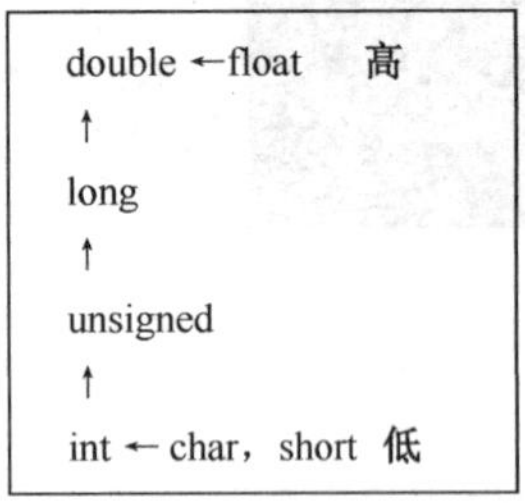

```
double ← float     高
  ↑
long
  ↑
unsigned
  ↑
int ← char, short  低
```

图 2-14　数据类型转换的规则

（1）类型说明符和表达式都必须加括号（单个变量可以不加括号），如把(int)(x+y)写成(int)x+y 时表示把 x 转换成 int 型之后与 y 相加。

（2）无论是强制转换还是自动转换，都只是为了本次运算的需要而对变量的数据长度进行的临时性转换，不会改变数据说明时对该变量定义的类型。

（3）如果一个运算符两边的操作数类型不同，则先要将其转换为相同的类型，即较低类型转换为较高类型，再参与运算。数据类型转换的规则如图 2-14 所示。

2.6　逗号运算符和逗号表达式

C 语言提供了一种特殊的运算符——逗号运算符。逗号运算符的优先级别最低。用逗号运算符将两个及其以上的式子连接起来，即可构成逗号表达式。

逗号表达式的一般格式如下。

表达式 1，表达式 2，表达式 3，……，表达式 n

逗号表达式求解的过程如下：从左向右逐个计算表达式，整个表达式的值为最后一个表达式的值。

【例 2.19】若 a 为 double 类型，则表达式 a=2,a+3,a++的值为 2.0。

【例 2.20】有以下两段程序。

```c
#include <stdio.h>
int main()
{
    int x,y,z;
    x=1;
    y=1;
    z=y++,x++,++y;
    printf("x=%d, y=%d, z=%d\n",x,y,z);
    return 0;
}
```

```c
#include <stdio.h>
int main()
{
    int x,y,z;
    x=1;
    y=1;
    z=(y++,x++,++y);
    printf("x=%d,y=%d,z=%d\n",x,y,z);
    return 0;
}
```

左边程序的运行结果为 x=2，y=3，z=1；右边程序的运行结果为 x=2，y=3，z=3。这是因为左边程序中 z=y++为逗号表达式中的表达式 1，x++为表达式 2，++y 为表达式 3；右边程序是将逗号表达式 y++，x++，++y 的结果赋值给变量 z。

习 题 2

一、填空题

1. 在 C 语言中，要求参与运算的数必须是整数的运算符是_____。
2. 在语句中，为变量赋值时，赋值语句必须以_____结尾。
3. 假设所有变量均为整型，则表达式(a=2,b=5,b++,a+b)的值是_____。
4. 若 a 是 int 型变量，且 a 的初值为 6，则执行 a+=a-=a*a 后，a 的值为_____。
5. 若有以下定义：int x=3,y=2;float a=2.5,b=3.5;，则表达式(x+y)%2+(int)a/(int)b 的值为_____。

二、选择题

1. 下列 4 组选项中，均不是 C 语言关键字的选项是（　　）。
   A. define　　　　B. gect　　　　　C. include　　　　D. while
   　　IF　　　　　　char　　　　　　scanf　　　　　　go
   　　type　　　　　printf　　　　　case　　　　　　pow
2. 以下选项中不合法的用户标识符是（　　）。
   A. abc.c　　　　B. file　　　　　C. Main　　　　　D. PRINT
3. 已知字母 A 的 ASCII 码值为十进制数 65，且 c2 为字符型，则执行语句 c2='A'+'6'-'3' 后，c2 中的值为（　　）。
   A. D　　　　　　B. 68　　　　　　C. 不确定的值　　D. C
4. 若有以下定义，则能使值为 3 的表达式是（　　）。

   ```
   int k=7, x=12;
   ```

   A. x%=(k%=5)　　　　　　　　B. x%=(k-k%5)
   C. x%=k-k%5　　　　　　　　 D. (x%=k)-(k%=5)
5. 若 t 为 double 类型，则表达式 t=1, t+5, t++的值是（　　）。
   A. 1　　　　　　B. 6.0　　　　　　C. 2.0　　　　　　D. 1.0

三、程序阅读题

1. 写出以下程序的运行结果。

```
#include <stdio.h>
int main()
{
    int x=1,y=2;
    printf("%d,%d,%d,%d",x++,y++,++x,++y);
    return 0;
}
```

2. 写出以下程序的运行结果。

```c
#include <stdio.h>
int main()
{
    int k=-1;
    printf("%d,%u\n",k,k);
    return 0;
}
```

四、编程题

1. 输入两个整数，求两个数的和、差、积、商。
2. 输入一个半径 r，求圆的周长、面积，以及球的体积。
3. 输入正方形的边长，求正方形的周长和面积。
4. 输入 3 个大写字母，要求将其转换成小写字母并输出。
5. 假定银行定期存款的年利率为 2.25%，并已知存款期为 n 年，存款本金为 x 元，试编程计算 n 年后可得到的本利之和。

第 3 章

顺 序 结 构

📖 **教学前言**

程序中有 3 种基本结构：顺序结构、选择结构、循环结构。其中，程序中最基本的结构是顺序结构，即程序是按照从上向下的顺序执行的。本章从简单的程序开始介绍简单的算法，并介绍最基本的语法知识，使得学生具有编写简单的程序的能力。本章主要学习 C 语言的语句及输入输出函数。

 教学要点

通过学习，要求学生掌握 C 语言的基本输入输出、掌握顺序结构编程方法。

3.1 C 语句概述

C 语句是函数体的主要构成部分，每条语句都会执行特定的操作，而变量的定义和编译预处理指令并不是语句。C 语句划分为 5 类，分别介绍如下。

1. 表达式语句

通过运算符将操作对象连接起来即可构成表达式，在表达式后面加一个分号，就构成了表达式语句。例如，"c=a+b" 是一个赋值表达式，而 "c=a+b;" 是一个赋值语句。以下是表达式语句的例子。

```
x=y+z;    /* 赋值语句 */
y+z;      /* 加法运算语句，但计算结果无法保留，无实际意义 */
i++;      /* 自增 1 语句，i 值增 1 */
```

一个语句的最后必须有一个分号，分号是语句中不可以缺少的组成部分，而不是两个语句间的分隔符号。

2. 控制语句

C 语言中专门提供了 9 种控制语句，通过它们，可以方便地控制程序的流程，实现任意复杂的逻辑。它们由特定的语句定义符组成，可以分为以下 3 类。

（1）条件判断语句：if 语句、switch 语句。

（2）循环执行语句：do …while 语句、while 语句、for 语句。

（3）转向语句：break 语句、goto 语句、continue 语句、return 语句。

3. 函数调用语句

函数调用语句由函数名、实际参数加上";"组成。其一般格式如下。

```
函数名(实际参数表);
```

执行函数语句就是调用函数体并把实际参数赋给函数定义中的形式参数，再执行被调函数体中的语句，求取函数值（在后面函数中做详细介绍）。例如：

```
printf("Hello World!\n");
```

4. 复合语句

用{和}括起来的若干条语句称为复合语句，也称为块语句。复合语句有一些特殊的地方，如可以在复合语句中定义仅在复合语句范围内有效的局部变量。简单来说，把多个语句用括号{}括起来组成的语句称为复合语句。例 3.1 展示了复合语句的使用。

【例 3.1】复合语句的使用。

```
#include <stdio.h>
void main()
{
    int a=10;
    {
        nt a=4;
        rintf("In the block,a=%d\n",a);
    }
    printf("Out the block,a=%d\n",a);
}
```

程序运行结果如下。

```
In the block,a=4;
Out the block,a=10
```

在程序中，复合语句中的变量 a 和外层的 a 虽然同名，但代表不同的变量。注意，复合语句中最后一个语句末尾的分号不能够忽略不写。

5. 空语句

只有分号";"组成的语句称为空语句。空语句是什么也不执行的语句。在程序中，空语句可用来做空循环体。例如：

```
while(getchar()!='\n');
```

此语句的功能如下：只要从键盘上输入的字符不是回车则重新输入。这里的循环体为空语句。

3.2 输入输出函数

许多高级语言都有专门的输入输出语句,在 C 语言中,几乎每一个 C 程序都包含输入输出,因为要进行计算,就必须需要数据,数据计算的结果也需要输出。就好像在生活中使用的计算器需要输入数据,再将输出结果显示到屏幕中一样。没有输出的程序是没有意义的,输入输出是程序中最基本的操作之一。

在 C 语言中并没有输入输出的语句,输入和输出是通过编译系统提供的库函数实现的。学习 C 语言,除要掌握基本的语言规范外,也必须掌握各种库函数的用法。

在使用 C 语言函数库时,要用预编译命令**#include**将有关"头文件"包括到文件中。

使用标准输入输出库函数时要用到"stdio.h"文件,因此源文件开头要编写以下预编译命令:

```
#include <stdio.h>
```

或者

```
#include "stdio.h"
```

其中,stdio 是 standard input & output 的缩写。例如,使用 printf、scanf 等标准的库函数时就需要包含 stdio.h 文件。

3.2.1 格式化输出函数

printf 是 C 语言的标准输入输出库 stdio 提供的库函数,在使用它时,需要使用#include <stdio.h>指令包含 stdio.h 文件。printf 的功能是显示格式化字符串的内容,其输入参数必须包括格式化字符串,可能需要提供插入在字符串指定位置的值。格式化字符串由普通字符和转换说明组成,普通字符完全如在格式化字符串中显示的那样输出出来,而转换说明以字符%开头,表示为插入值提供的占位符。插入的值可以由常量、变量、表达式或带有返回值的函数提供,并且个数没有限制。

printf 函数的作用是向终端(输出设备)输出若干任意类型的数据,其格式如下。

```
printf(格式控制字符串,输出列表);
```

1. 格式控制字符串

格式控制字符串是被双引号括起来的字符串,由一些普通字符和%d、%f、%c、%s 之类的格式字符组成。其中,普通字符会照原样直接显示在屏幕上,其中包括双引号内的逗号、空格符和换行符;格式字符以"%"开头,会被某类型的数值取代,该值由输出类表中的数据来提供。

2. 输出列表

输出列表中列出的是要进行输出的数据,可以是变量或表达式。一般情况下,格式控制字符和输出值是一一对应的。

整数的输出：输出整数的最简单方法是直接使用%d 格式符，将按整数的实际位数进行输出。例如，i 为整型变量，变量的值为 20，则可使用 printf("i=%d\n",i)输出其值。

【例 3.2】输出整型变量。

```
int main()
{
    int i=20;
    printf("i的值为\ni=%d\n",i);
    return 0;
}
```

程序运行结果如图 3-1 所示。

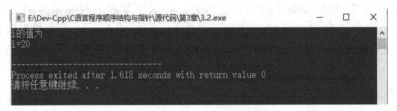

图 3-1 例 3.2 程序运行结果

从例 3.2 可以看出格式化输出语句 printf();的格式控制部分是"i 的值为\ni=%d\n"，是由英文的双引号括起来的一个字符串，这个字符串包括普通的字符、汉字、转义字符和格式控制字符。从图 3-1 可以看出，普通字符和汉字是照原样输出的，所以第一行输出"i 的值为"；%d 为格式控制字符，是按照输出列表的数据输出的，%d 就是 i 的值，所以第二行的输出结果是"i=20"；"\n"为转义字符，表示换行符，输出语句中有两个换行符，所以输出分为 3 行。

如果要指定输出数据的宽度，则要使用%md 格式符，m 表示限定输出的宽度，如果实际的数据位数小于 m，则在左侧以空格补齐，如果实际的数据位数大于 m，则按实际宽度输出。%-md 与%md 的作用相反，如果实际的数据位数小于 m，则在右侧以空格补齐，如果实际的数据位数大于 m，则按实际宽度输出。

【例 3.3】整型宽度的使用。

```
int main()
{
    int i=20,j=12345678;
    printf("i=%8d\nj=%8d\n",i,j);
    printf("i=%-8d\nj=%8d\n",i,j);
    return 0;
}
```

程序运行结果如图 3-2 所示。

函数中的每一个参数都是按照给定的格式和顺序依次输出的。例 3.3 中，i 和 j 变量都是按照给定的格式和顺序依次输出的。第一个输出语句中，i 变量输出的格式是"%8d"，i 变量的值为 20，位数为 2，而 i 的值要按照宽度为 8 输出，所以左侧补齐空格；j 变量输出格式同样是"%8d"，j 变量的值为 8 位，刚好按照宽度为 8 输出。第二个输出语句中，

i 变量输出的格式是"%-8d"，i 变量的值为 20，位数为 2，而 i 的值要按照宽度为 8 输出，所以右侧补齐空格；j 变量输出格式同样是"%8d"，j 变量的值为 8 位，刚好按照宽度为 8 输出。printf 函数的格式字符和附加字符如表 3-1 所示。

图 3-2　例 3.3 程序运行结果

表 3-1　printf 函数的格式字符和附加字符

格式字符		
格式字符	说 明	
d, i	以带符号的十进制形式输出整数（正数不输出符号）	
o	以八进制无符号形式输出整数（不输出前导符 0）	
x, X	以十六进制无符号形式输出整数（不输出前导符 0x），用 x 时，输出十六进制数的 a~f 以小写字母输出；用 X 时，则以大写字母输出	
u	以无符号十进制形式输出整数	
c	以字符形式输出，只输出一个字符	
s	输出字符串	
f	以小数形式输出单、双精度数，隐含输出 6 位小数	
e, E	以指数形式输出实数，用 e 时，指数以"e"表示（如 1.2e+02）；用 E 时，指数以"E"表示（如 1.2E+02）	
g, G	选用%f 或%e 格式中输出宽度较短的一种格式，不输出无意义的 0。用 G 时，若以指数形式输出，则指数以大写字母表示	
附 加 字 符		
附 加 字 符	说 明	
l	长整型整数，可加在格式符 d、o、x、u 前面	
m（代表一个正整数）	数据最小宽度	
n（代表一个正整数）	对于实数，表示输出 n 位小数；对于字符串，表示截取的字符个数	
-	输出的数字或字符在域内向左靠齐	

从表 3-1 中可以看出，对于 long 型的整数，应该用"%ld"进行输出，也可以限定输出宽度。对于整数，可以按照不同进制的形式进行输出，如采用"%o"表示按照无符号八进制形式输出，采用"%x"表示按照无符号十六进制形式输出。

【例 3.4】整型进制输出。

```
int main()
{
    unsigned int x2 = 180;
    printf("x2(八进制)：%o\n", x2);
    printf("x2(十进制)：%u\n", x2);
    printf("x2(十六进制)：%x\n", x2);
    printf("x2(十六进制)：%X\n", x2);
    printf("\n");
```

```
        return 0;
    }
```

程序运行结果如图 3-3 所示。

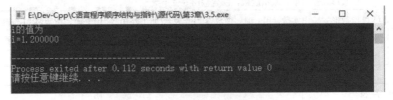

图 3-3　例 3.4 程序运行结果

实型数的输出：输出实型数的最基本的格式符是"%f"，如果不加任何限定，则以小数形式输出，默认按 6 位小数输出。例如，i 的值为 1.2，则输出结果为 1.200000。

【例 3.5】实型数的输出。

```
int main()
{
    float i=1.2;
    printf("i 的值为\ni=%f\n",i);
    return 0;
}
```

程序运行结果如图 3-4 所示。

图 3-4　例 3.5 程序运行结果

如果要指定输出的小数位数，则可以采用"%m.nf"格式符，m 用于限定总的输出宽度（包含小数点），其中 n 表示有 n 位小数，如果实际输出宽度小于 m，则左侧补齐空格，如果实际宽度大于 m，则按实际宽度输出；也可以采用"%-m.nf"格式符，m 用于限定总的输出宽度（包含小数点），其中 n 表示有 n 位小数，如果实际输出宽度小于 m，则右侧补齐空格，如果实际宽度大于 m，则按实际宽度输出。

【例 3.6】实型格式限制输出。

```
int main()
{
    float i=123.456;
    printf("i=%f\n",i);
    printf("i=%4.2f\n",i);
    printf("i=%10.2f\n",i);
    printf("i=%-10.2f\n",i);
    return 0;
}
```

程序运行结果如图 3-5 所示。

图 3-5　例 3.6 程序运行结果

需要注意的是，单精度数的有效位数一般是 7 位（包括小数点），用%f 等格式输出时，只是指定了输出的小数位数，所以输出的不一定都是有效数字，例如，图 3-5 输出的 123.456001 中右侧的 001 并不是有效数字。双精度数也通过%f 输出，通过%m.nf 输出小数位数，它的有效位数一般是 16 位。实型数还可以指数形式进行输出，需要使用%e 或者%E 格式符。

【例 3.7】双精度实型数的输出。

```
int main()
{
    double x3 = 231.0;
    printf("x3(十进制): %f\n", x3);
    printf("x3(科学计数法): %e\n", x3);
    printf("x3(科学计数法): %E\n", x3);
    printf("\n");
    return 0;
}
```

程序运行结果如图 3-6 所示。

图 3-6　例 3.7 程序运行结果

此外，还可以使用其他格式符进行输出，如%c 格式符用于输出一个字符，%s 格式符用于输出一个字符串。

【例 3.8】其他格式的输出。

```
int main()
{
    int x3=97;
    printf("x3: %d\n", x3);
    printf("x3(字符): %c\n", x3);
    printf("字符串: %s\n", "Hello!");
```

```
        return 0;
    }
```

程序运行结果如图 3-7 所示。

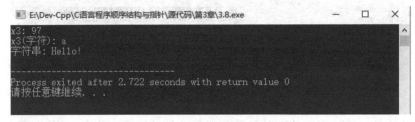

图 3-7　例 3.8 程序运行结果

3.2.2　格式化输入函数

格式化输入函数 scanf 用于从标准输入设备读取数据，可以读取任意类型的数据，是 C 语言中应用非常广泛的输入函数。该函数的功能是指定固定格式，并按照指定的格式接收用户在键盘上输入的数据，最后将数据存储在指定的变量中。

scanf 的一般调用格式如下。

　　scanf(格式控制字符串，接收数据的变量地址列表)

其中，格式控制字符串的含义和 printf 中的格式控制字符串类似，但一般包含%d、%f 格式控制符，而不包括普通字符。每个格式控制符表示要求用户从键盘输入某种类型的数据，输入的数据存储到变量地址列表所对应的变量中。常用的格式控制符有%d、%f、%c、%s 等。一般情况下，格式控制符和接收数据的变量也是一一对应的。例如，得到一个整型数据的操作如下。

```
    int x3=97;
    scanf("%d",&x3);
```

在前面的代码中，"&"符号表示取 x3 变量的地址，因此不用关心变量的地址具体是多少，只要在代码中变量的标识符前面加"&"即可取得变量的地址。scanf 函数的格式字符和附加字符如表 3-2 所示。

表 3-2　scanf 函数的格式字符和附加字符

格式字符	
格式字符	说　　明
d, i	输入有符号的十进制整数
u	输入无符号的十进制整数
o	输入无符号的八进制整数
x, X	输入无符号的十六进制整数（大小写字母的作用相同）
c	输入单个字符
s	输入字符串，将字符串送到一个字符数组中，在输入时以非空白字符开始，以第一个空白字符结束。字符串以串结束标志'\0'作为其最后一个字符
f	输入实数，可以用小数形式或指数形式输入
e, E, g, G	与 f 的作用相同，e 与 f、g 可以互相替换（大小写字母的作用相同）

续表

附加字符	说　明
l	输入长整型数据（可用%ld、%lo、%lx、%lu 表示）及 double 型数据（用%lf 或%le 表示）
h	输入短整型数据（可用%hd、%ho、%hx 表示）
域宽	指定输入数据所占宽度（列数），域宽应为正整数
*	其在读入后不赋给相应的变量

【例 3.9】格式化输入的使用。

```
int main()
{
    int a,b,c;
    printf("input a,b,c\n");
    scanf("%d%d%d",&a,&b,&c);
    printf("a=%d,b=%d,c=%d",a,b,c);
    return 0;
}
```

程序运行结果如图 3-8 所示。

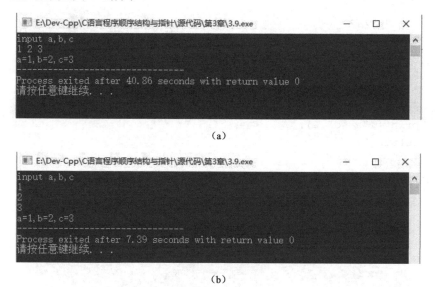

(a)

(b)

图 3-8　例 3.9 程序运行结果

在例 3.9 中，由于 scanf 函数本身不能显示提示串，故先用 printf 语句在屏幕上输出提示，请用户输入 a、b、c 的值。执行 scanf 语句，等待用户输入。在 scanf 语句的格式串中，由于没有非格式字符在 "%d%d%d" 之间作为输入时的间隔，因此输入时要用一个以上的空格符或回车符作为每两个输入数之间的间隔。

（1）"*"符：用于表示该输入项，读入后不赋给相应的变量，即跳过该输入值。

【例 3.10】"*"符的使用。

```
int main()
{
    int a,b;
```

```
        printf("input a,b\n");
        scanf("%d %*d %d",&a,&b);
        printf("a=%d,b=%d",a,b);
        return 0;
}
```

程序运行结果如图 3-9 所示。

图 3-9　例 3.10 程序运行结果

从例 3.10 可以看出，当输入为"1   2   3"时，将 1 赋给 a，2 被跳过，3 赋给 b。

（2）宽度：用十进制整数指定输入的宽度（即字符数）。

【例 3.11】字符宽度的使用。

```
int main()
{
    int a,b,c;
    printf("\ninput b,c\n");
    scanf("%4d%4d",&b,&c);
    printf("b=%d\nc=%d\n",b,c);
    printf("input a\n");
    scanf("%5d",&a);
    printf("a=%d",a);
    return 0;
}
```

程序运行结果如图 3-10 所示。

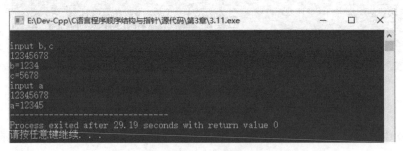

图 3-10　例 3.11 程序运行结果

从例 3.11 可以看出输入 12345678 将把 1234 赋给 b，而把 5678 赋给 c。输入 12345678 时，只把 12345 赋给变量 a，其余部分被截去。

（3）长度：长度格式符为 l 和 h，l 表示输入长整型数据（如%ld）和双精度浮点数（如%lf），h 表示输入短整型数据。

使用 scanf 函数还必须注意以下几点：

① scanf 函数中没有精度控制，如 scanf("%5.2f",&a);是非法的，不能企图用此语句输

入两位小数的实数。

② scanf 中要求给出变量地址，如给出变量名则会出错。例如，scanf("%d",a);是非法的，scanf("%d",&a);才是合法的。

③ 在输入多个数值数据时，若格式控制串中没有非格式字符作为输入数据之间的间隔，则可用空格符、Tab 或回车符作为间隔。C 编译在碰到空格符、Tab、回车符或非法数据（如对"%d"输入"12A"时，A 即为非法数据）时，即认为该数据结束。

在输入字符数据时，若格式控制串中无非格式字符，则认为所有输入的字符均为有效字符。

例如：

```
scanf("%c%c%c",&a,&b,&c);
```

输入 d、e、f 时，会把'd'赋给 a，' ' 赋给 b，'e'赋给 c。只有当输入为 def 时，才能把'd'赋予 a，'e'赋给 b，'f'赋给 c。

如果在格式控制中加入空格符作为间隔，如

```
scanf ("%c %c %c",&a,&b,&c);
```

则输入时各数据之间可加空格。

【例 3-12】长度的使用。

```
int main(){
    char a,b;
    printf("input character a,b\n");
    scanf("%c%c",&a,&b);
    printf("%c%c\n",a,b);
    return 0;
}
```

程序运行结果如图 3-11 所示。

图 3-11　例 3.12 程序运行结果

由于 scanf 函数"%c%c"中没有空格，则输入 M　N 时，结果中只输出 M；而若输入改为 MN，则可输出 MN 两个字符。

【例 3-13】长度的使用。

```
int main(){
    char a,b;
    printf("input character a,b\n");
    scanf("%c%c",&a,&b);
    printf("%c%c\n",a,b);
    return 0;
}
```

程序运行结果如图 3-12 所示。

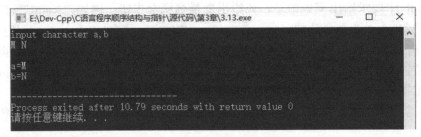

图 3-12 例 3.13 程序运行结果

例 3.13 表示 scanf 格式控制符"%c %c"之间有空格时，输入的数据之间可以有空格间隔。

（4）如果格式控制符中有非格式字符，则输入时要输入该非格式字符。

例如：

```
scanf("%d,%d,%d",&a,&b,&c);
```

其中，用非格式符","作为间隔符，故输入时应为"5,6,7"。

又如：

```
scanf("a=%d,b=%d,c=%d",&a,&b,&c);
```

此时，输入应为"a=5，b=6，c=7"。

3.2.3 字符输入输出函数

单个字符的输入输出可以采用 getchar 和 putchar 函数，对字符串的输入输出可以采用 gets 和 puts，本节内容只是进行简单的介绍。

1. getchar 函数：字符输入函数

getchar 函数的功能是从键盘上输入一个字符，并将输入的字符赋给一个字符变量。例如：

```
char c;
c=getchar();
```

需要注意的是，getchar 每次只能接收单个字符，按回车键后开始接收字符，如果一次输入多个字符，则只接收第一个字符。

2. putchar 函数：字符输出函数

putchar 函数每次可以向显示器上输出一个字符，只能接收字符变量、字符常量作为参数并进行输出。

3.3 顺序结构程序设计举例

本节所介绍的语句，将按照它们在程序中出现的顺序进行执行，由这样的语句构成的程序结构称为顺序结构。本节介绍顺序程序设计的实例,帮助读者巩固本章所介绍的内容。

【例 3-14】计算圆的面积。

```
int main(){
    float pi=3.14;
    float area;
    float radius;
    printf("input radius:");
    scanf("%f",&radius);
    area=pi*radius*radius;
    printf("the area is:%.2f\n",area);
    return 0;
}
```

程序运行结果如图 3-13 所示。

图 3-13　例 3.14 程序运行结果

在例 3.14 中,定义了单精度浮点型变量圆周率的值和半径的值,得到用户输入的数据并进行计算,最后将计算的结果输出。

习　题　3

一、填空题

1. 有一个输入函数 scanf("%d",k);,不能使 float 类型变量 k 得到正确数值的原因是_____和_____,正确的语句应为_____。

2. 假设变量 a 和 b 均为整型,以下语句可以不借助任何变量对 a、b 中的值进行交换。请将程序补充完整。

　　　a+=_____;b=a-_____;a-=_____;

3. 若有以下定义和语句,为使变量 c1 得到字符'A',变量 c2 得到字符'B',则正确的格式输入形式是_____。

```
char c1,c2;
scanf("%4c%4c",&c1,&c2);
```

4. 已有定义 int i,j;float x;,为将-10 赋给 i,12 赋给 j,410.34 赋给 x;则对应以下 scanf 函数调用语句的数据输入形式是_____。

```
scanf("%o%x%e",&i,&j,&x);
```

二、选择题

1. putchar 函数可以向终端输出一个（　　）。
   A．整型变量表达式　　　　　　　　B．实型变量值
   C．字符串　　　　　　　　　　　　D．字符或字符型变量值

2. printf 函数中用到格式符%5s，其中数字 5 表示输出的字符串占用 5 列。如果字符串长度大于 5，则（　　）；如果字符串长度小于 5，则（　　）。
   A．从左起输出该字符串，右补空格　　B．按原字符串长从左向右全部输出
   C．右对齐输出该字符串，左补空格　　D．输出错误信息

3. 已有如下定义和输入语句，若要求 a1、a2、c1、c2 的值分别为 10、20、A、B，当从第一列开始输入数据时，正确的数据输入方式是（　　）。

```
int a1,a2;char c1,c2;
scanf("%d%c%d%c",&a1,&c1,&a2,&c2);
```

   A．10A□20B<CR>　　　　　　　　B．10□A□20□B<CR>
   C．10□A20B<CR>　　　　　　　　D．10A20□B<CR>

4. 已有如下定义和输入语句，若要求 a1、a2、c1、c2 的值分别为 10、20、A、B，当从第一列开始输入数据时，正确的数据输入方式是（　　）。

```
int a1,a2;char c1,c2;
scanf("%d%d",&a1,&a2);
scanf("%c%c",&c1,&c2);
```

   A．1020AB<CR>　　　　　　　　　B．10□20<CR>AB<CR>
   C．10□□ 20□□ AB<CR>　　　　　D．10□20AB<CR>

5. 已有程序段和输入数据的形式，程序中输入语句的正确形式应当为（　　）。

```
main()
{ int a;float f;
   printf("Input number:");
   (输入语句)
   printf("\nf=%f,a=%d\n",f,a);
}
Input number:4.5□□ 2<CR>
```

   A．scanf("%d,%f",&a,&f);　　　　　　B．scanf("%f,%d",&f,&a);
   C．scanf("%d%f",&a,&f);　　　　　　D．scanf("%f%d",&f,&a);

三、程序阅读题

1. 写出以下 printf 语句中*的作用及程序运行结果。

```
#include <stdio.h>
main()
{
   int i=1;
   printf("##%*d\n",i,i);
```

```
        i++;
        printf("##%*d\n",i,i);
        i++;
        printf("##%*d\n",i,i);
    }
```

2. 写出以下程序的运行结果。

```
    main()
    {
        int x=1,y=2;
        printf("x=%d y=%d *sum*=%d\n",x,y,x+y);
        printf("10 Squared is :%d\n",10*10);
    }
```

3. 写出以下程序的运行结果。

```
    #include <stdio.h>
    main()
    {
        float a=123.456;double b=8765.4567;
        printf("(1)%f\n",a);
        printf("(2)%14.3f\n",a);
        printf("(3)%6.4f\n",a);
        printf("(4)%lf\n",b);
        printf("(5)%14.3lf\n",b);
        printf("(6)%8.4lf\n",b);
        printf("(7)%.4lf\n",b);
    }
```

4. 写出以下程序的运行结果。

```
    #include <stdio.h>
    main()
    {
        int a=252;
        printf("a=%o a=%#o\n",a,a);
        printf("a=%x a=%#x\n",a,a);
    }
```

5. 写出以下 printf 语句中"-"的作用及程序运行结果。

```
    #include <stdio.h>
    main()
    {
        int x=12;double a=3.1415926;
        printf("%6d##\n",x);
```

```
        printf("%-6d##\n",x);
        printf("%14.10lf##\n",a);
        printf("%-14.10lf##\n",a);
}
```

四、编程题

1. 编程，将输入的摄氏温度值转换为华氏温度值和绝对温度值并输出，温度的转换公式如下。

摄氏温度转换为华氏温度：

$$F=9/5*C+32$$

摄氏温度转换为绝对温度：

$$K=273.16+C$$

2. 编程，将大写字符转换成小写字符并输出。
3. 编程，从键盘上输入圆的半径，计算圆的周长和面积。
4. 编程，从键盘上输入长方形的长和宽，计算长方形的面积和周长。
5. 编程，从键盘上输入三角形的3条边的边长，计算三角形的面积和周长。

第 4 章

选 择 结 构

教学前言

在编制程序时,有时并不能保证程序一定执行某些指令,而是要根据一定的外部条件来判断哪些指令要执行。如出去游玩时在森林中遇到分叉路口 A 和 B,可能会做如下选择:如果选择 A 路口,则会呈现一种风景;如果选择 B 出口,则会呈现另一种风景。计算机程序也是如此,可以根据不同的条件执行不同的代码,这就是选择结构。程序总是为解决某个实际问题而设计的,而问题往往包含多个方面,不同的情况需要有不同的处理,所以选择结构在实际应用程序中可以说无处不在,离开了选择结构,很多情况将无法处理,因此,正确掌握选择结构程序设计方法对于编写实际应用程序尤为重要。

教学要点

通过本章的学习,需要读者掌握使用 if 语句进行选择结构程序设计的方法,掌握 switch 语句及条件运算符的用法。

4.1 if 语句

与顺序结构一样,选择结构(分支结构)也是程序设计的基本结构之一,即根据不同的条件做出判断,进而选择执行不同的操作。C 语言中,使用关系表达式和逻辑表达式通过 if 语句实现双分支选择,使用 switch 语句实现多分支选择。

4.1.1 关系运算符和逻辑运算符

1. 关系运算符和关系表达式

1)关系运算符

C 语言中提供的关系运算符如表 4-1 所示。

表 4-1 关系运算符

关系运算符	含 义	优 先 级	结 合 性
>	大于	这些关系运算符等优先级，但比下面的运算符优先级高	左结合性
>= （>和=之间没有空格）	大于或等于		
<	小于		
<= （<和=之间没有空格）	小于或等于		
== （两个=之间没有空格）	等于	这些关系运算符等优先级，但比上面的运算符优先级低	
!= （!和=之间没有空格）	不等于		

2）关系表达式

用关系运算符连接起来的式子称为关系表达式。

关系表达式的一般格式如下。

    表达式 关系运算符 表达式

例如：

```
a + b > c - d
x > 3 / 2
'a' + 1 < c
- i - 5 * j == k + 1
```

注意，C 语言用 0 表示假，非 0 表示真，一个关系表达式的值不是 0 就是 1，0 表示假，1 表示真。

3）关系运算符的优先级

算术运算符　　　　　　高

移位运算符

关系运算符

&、|、^

赋值运算符　　　　　　低

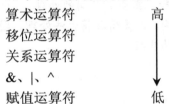

2．逻辑运算符和逻辑表达式

1）逻辑运算符

C 语言中提供的逻辑运算符如表 4-2 所示，其相应的逻辑真值如表 4-3 所示。

表 4-2 逻辑运算符

逻辑运算符	含 义	结 合 性	优先级关系
!	单目运算符，逻辑非，表示相反	右结合性	高
&& （两个&之间没有空格）	双目运算符，逻辑与，表示并且	左结合性	
|| （两个|之间没有空格）	双目运算符，逻辑或，表示或者		低

表 4-3 逻辑真值表

A	B	!A	!B	A && B	A || B
假	假	1	1	0	0
假	真	1	0	0	1
真	假	0	1	0	1
真	真	0	0	1	1

2）逻辑表达式

用逻辑运算符连接起来的式子称为逻辑表达式。

逻辑表达式的一般格式如下。

表达式 逻辑运算符 表达式

例如：

```
a<b&&b<c
x>10||x<-10
!x&&!y
```

3）逻辑运算符的优先级

!、~、++、--、sizeof　　　　高

算术运算符

移位运算符

关系运算符

&、|、^

&&、||

赋值运算符　　　　　　　　　低

注意，逻辑表达式求解时，并非所有的逻辑运算符都被执行，只是在必须执行下一个逻辑运算符才能求出表达式的解时，才执行该运算符。

到现在为止，已经学习了 30 多个运算符。掌握它们的优先级关系特别重要。优先级的记忆规则如下。

① 总体上讲，单目运算符都是同等优先级的，具有右结合性，并且其优先级比双目运算符和三目运算符都高。

② 三目运算符的优先级比双目运算符的优先级低，但高于赋值运算符和逗号运算符的优先级。

③ 逗号运算符的优先级最低，其次是赋值运算符。

④ 只有单目运算符、赋值运算符和条件运算符具有右结合性，其他运算符都具有左结合性。

⑤ 在双目运算符中，算术运算符的优先级最高，逻辑运算符的优先级最低。

4.1.2　简单 if 语句格式

简单 if 语句的格式如下。

```
if  (表达式)
语句;
```

其执行流程如图 4-1 所示。

【例 4.1】下面的程序段用于输入两个整数，输出其中的较大者。

```
main()
{
    int a, b, max;
    printf ("input two numbers: ");
```

```
    scanf ("%d%d", &a, &b);
    max = a;
    if (max < b)
       max = b;
    printf("max = %d", max);
    getch();
}
```

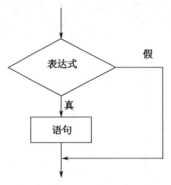

图 4-1 简单 if 语句的执行流程

4.1.3 if…else 格式

if…else 语句的格式如下。

```
if(表达式)
语句 1;
else
语句 2;
```

其执行流程如图 4-2 所示。

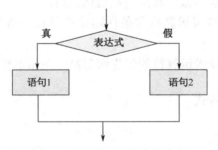

图 4-2 if…else 语句执行流程

【例 4.2】下面的程序段同样用于输出两个整数中的较大者。

```
main()
{
    int a, b;
    printf("input two numbers: ");
    scanf("%d%d", &a, &b);
    if (a>b)
```

```
        printf("max = %d\n", a);
    else
        printf("max = %d\n", b);
}
```

4.1.4　if…else…if 格式

if…else…if 语句的格式如下。

```
if(表达式1)            语句1;
else if (表达式2)      语句2;
else if (表达式3)      语句3;
      ……
[else                  语句n;]
```

【例 4.3】下面的程序段用于判断输入字符的种类。

```
#include <stdio.h>
main()
{
  char c;
    printf ("Enter a character: ");
    c = getchar ();
    if (c < 0x20)
       printf ("The character is a control character\n");
    else if (c >= '0' && c <= '9')
         printf ("The character is a digit\n");
    else if (c >= 'A' && c <= 'Z')
         printf ("The character is a capital letter\n");
    else if (c >= 'a' && c <= 'z')
         printf ("The character is a lower letter\n");
    else
       printf ("The character is other character\n");
}
```

注意事项：

（1）if 语句后面的表达式必须用括号括起来。

（2）表达式通常是逻辑表达式或关系表达式，但也可以是其他表达式，如赋值表达式等，甚至可以是一个变量。只要表达式非零，表达式的值就为真，否则为假。

（3）在 if 语句的 3 种格式中，所有的语句应为单个语句，如果想在满足条件时执行一组（多个）语句，则必须把这一组语句用 { }括起来组成一个复合语句。但要注意}之后不能再加分号。

（4）在 if 语句中，如果表达式是一个判断两个数是否相等的关系表达式，则不能将==写为赋值运算符=。

【例 4.4】编程，要求输入一个学生的考试成绩，输出其分数和对应的等级。

编程思路：学生成绩共分为 5 个等级，小于 60 分的为"E"；60～70 分的为"D"；70～80 分的为"C"；80～90 分的为"B"；90 分以上的为"A"。

程序代码如下。

```c
#include <stdio.h>
main()
{
    int score;
    printf("please input a student's score:");
    scanf("%d",&score);
    if(score<60)
        printf("%d-----------E\n",score);/* "\n"表示换行输出 */
    else if(score<70)
        printf("%d-----------D\n",score);
    else if(score<80)
        printf("%d-----------C\n",score);
    else if(score<90)
        printf("%d-----------B\n",score);
    else
        printf("%d-----------A\n",score);
}
```

4.2　if 语句的嵌套

一个 if 语句可以包含一个或多个 if 语句（if 语句中的执行语句本身又是 if 结构语句的情况），称为 if 语句的嵌套。当流程进入某个选择分支之后又引出新的选择时，就要使用嵌套的 if 语句。在使用内嵌 if 语句时，要注意 if 和 else 的配对，因为 if 语句的第一种格式中只有 if 没有 else。C 语言在编译源程序时，总是将 else 与它前面最近的 if 配对。嵌套 if 语句的格式如下。

```
if (表达式 1)
    if (表达式 2)
        语句 1;
    else 语句 2;
else
    if (表达式 3)
        语句 3;
    else 语句 4;
```

【例 4.5】比较两个数的大小。

```c
void main()
{
    int a,b;
    printf("please input A,B: ");
    scanf("%d%d",&a,&b);
    if(a!=b)
        if(a>b) printf("A>B\n");
        else printf("A<B\n");
```

```
    else printf("A=B\n");
    getch();
}
```

本例中使用了 if 语句的嵌套结构。采用嵌套结构实质上是为了进行多分支选择，例 4.5 实际上有 3 种选择，即 A>B、A<B 或 A=B。这种问题用 if…else…if 语句也可以完成，且程序会更加清晰。因此，在一般情况下较少使用 if 语句的嵌套结构，以使程序便于阅读理解。

【例 4.6】 输入两个学生的成绩，并判断其大小。

编程思路： 本例可以采用多种不同的 if 结构来解决，这里选择使用嵌套的 if 语句来解决。

程序代码如下。

```
#include <stdio.h>
void main ()
{
   int x, y;

   printf ("Enter integer x, y: ");
   scanf ("%d, %d", &x, &y);
   if (x != y)
      if (x > y)  printf ("X > Y\n");
      else        printf ("X < Y\n");
   else
      printf ("X == Y\n");
   getch();
}
```

4.3 条件运算符与条件表达式

C 语言中还提供了一种特殊的运算符——条件运算符，由此构成的表达式也可以形成简单的选择结构，这种选择结构能以表达式的形式内嵌在允许出现表达式的地方，故可以根据不同的条件使用不同的数据参与运算。它的运算符符号是"？:"。这是 C 语言提供的唯一的三目运算符，即要求有 3 个运算对象。条件表达式的格式如下。

表达式 1？表达式 2：表达式 3

条件表达式的运算功能：当"表达式 1"的值为非零时，"表达式 2"的值就是整个条件表达式的值；当"表达式 1"的值为零时，"表达式 3"的值就是整个条件表达式的值。例如：

y=x>10?100:200

先计算出条件表达式的值，然后赋给 y。在条件表达式中，要先求出 x>10 的值。若 x 大于 10，则取 100 作为表达式的值并赋给变量 y；若 x 小于或等于 10，则取 200 作为表达式的值并赋给变量 y。

条件运算符的优先级：条件运算符的优先级低于关系运算符和算术运算符，但高于赋值运算符。条件运算符的结合性是自右至左。

【例 4.7】输入一个小写字母，分别输出该字母的前趋字母和后继字母。

程序代码如下。

```c
#include <stdio.h>
#include <conio.h>
void main ()
{
  char ch, ch1, ch2;
  ch = getch ();
  putchar ('\n');
  ch1 = ch == 'a' ? 'z' : ch - 1;          /*求前趋字母*/
  ch2 = ch == 'z' ? 'a' : ch + 1;          /*求后继字母*/
  printf ("ch1 = %c, ch2 = %c\n", ch1, ch2);
}
```

【例 4.8】从键盘上输入自己和朋友的年龄，编程判断谁的年龄大，并输出较大者的年龄。

```c
#include <stdio.h>
void main()
{
    int yourage,hisage,max;
    printf("Please enter your age:");
    scanf("%d",&yourage);
    printf("Please enter your friend's age:");
    scanf("%d",&hisage);
    if (hisage= =yourage)
       printf("hisage is equal to  yourage.");
    else
    {
       max=(hisage>yourage)?hisage:yourage;
       printf("the older age is %d\n",max);
    }
}
```

4.4　switch 语句

多分支可以使用嵌套的 if 语句处理，但如果分支较多，嵌套的 if 语句层数多，程序就会变得冗长，降低了可读性。C 语言中的 switch 语句亦称多分支选择语句。相比使用嵌套的 if 语句实现多路分支问题，使用 switch 语句实现的程序结构更清晰、易读。在 C 语言中，可直接使用 switch 语句来实现多种情况的选择结构，其一般格式如下。

```
switch ( 表达式)
{       case      常量表达式1: 语句组 1; break;
        case      常量表达式2: 语句组 2; break;
                ……
```

```
        case          常量表达式 n：语句组 n; break;
        default：    语句组 n+1 ; break;
}
```

注意事项：

（1）switch 后面的"表达式"可以为 int、char 或枚举型，但不可以为浮点型。

（2）case 后面的语句（组）可加{ }，也可以不加{ }，但一般不加{ }。

（3）每个 case 后面"常量表达式"的值必须各不相同，否则会出现相互矛盾的现象。

（4）每个 case 后面必须是"常量表达式"，表达式中不能包含变量。

（5）case 后面的"常量表达式"仅起语句标号作用，并不进行条件判断。系统一旦找到入口标号，就从此标号开始执行，不再进行标号判断，所以必须加上 break 语句，以便结束 switch 语句。

（6）多个 case 子句可共用同一语句（组）。

（7）case 子句和 default 子句如果都带有 break 子句，则其顺序的变化不会影响 switch 语句的功能。

（8）switch 语句可以嵌套。

【例 4.9】 输入学生成绩，根据输入的成绩输出相应的等级，90 分以上输出"A"，80～90 分输出"B"，70～80 分输出"C"，60～70 分输出"D"，60 分以下输出"E"。

编辑思路： 本例中，首先从键盘上输入一个分数，再通过 switch 语句进行判断，分数为 0～100，要把这些数变为若干个值。通过观察可以把 10 作为一个单元，这样就把所有分数分成了 11 种情况，分别是 0、1、2、…10。

程序代码如下。

```c
main()
{
  int score, k;
  scanf("%d",&score);
  k=score/10;
  switch(k)
  {
    case 10:
    case 9:printf("A");break;
    case 8:printf("B");break;
    case 7:printf("C");break;
    case 6:printf("D");break;
    case 5:
    case 4:
    case 3:
    case 2:
    case 1:
    case 0:printf("F");break;
    default:printf("error!");
  }
}
```

【例4.10】设有声明语句 int a=1,b=0;，则执行以下语句后输出结果为_____。

```
switch(a)
   { case 1:
         switch(b)
            { case 0:printf("**0**");break;
              case 1:printf("**1**");break;
            }
     case 2:printf("**2**");break;}
```

通过分析得出输出结果为"**0**"，请读者分析如果本例中没有 break 语句，执行结果会怎样？如何解决这个问题？

4.5 选择结构程序设计举例

通过本章的学习，我们已经掌握了选择结构的基本语法，现在来看一个案例，进一步巩固选择结构程序设计中语句的使用，进一步巩固 break 语句的使用方法，提高编程和调试程序的能力。

【案例】已知某公司员工的底薪为 500 元，某月所接工程的利润（profit,整数）与提成比例的关系如表 4-4 所示，计算员工的当月薪水。

表 4-4　工程利润与提成比例的关系

工程利润（profit）	提 成 比 例
profit≤1000	没有提成
1000＜profit≤2000	提成 10%
2000＜profit≤5000	提成 15%
5000＜profit≤10000	提成 20%
10000＜profit	提成 25%

1. 案例的分析

（1）定义一个变量用于存放员工所接工程的利润。
（2）提示用户输入员工所接工程的利润，并调用 scanf 函数接收用户输入员工所接工程的利润。
（3）根据表 4-3 的规则，计算该员工当月的提成比例。
（4）计算该员工当月的薪水（底薪+所接工程的利润×提成比例），并输出结果。

2. 案例实现过程

方法一：使用 if…else if 语句实现。

```
#include <stdio.h>
void main ()
{
   long   profit;                        //所接工程的利润
```

```
        float    ratio;                              //提成比例
        float    salary = 500;                       //薪水,初始值为底薪 500 元
        printf ("Input profit: ");                   //提示输入所接工程的利润
        scanf ("%ld", &profit);                      //输入所接工程的利润
        //计算提成比例
        if (profit <= 1000)
            ratio = 0;
        else if (profit <= 2000)
            ratio = (float)0.10;
        else if (profit <= 5000)
            ratio = (float)0.15;
        else if (profit <= 10000)
            ratio = (float)0.20;
        else   ratio = (float)0.25;
        salary += profit * ratio;                    //计算当月薪水
        printf ("salary = %.2f\n", salary);          //输出结果
        getch();
    }
```

方法二：使用 if 语句实现。

```
    void main ()
    {
        long    profit;                              //所接工程的利润
        float   ratio;                               //提成比例
        float   salary = 500;                        //薪水,初始值为底薪 500 元
        printf ("Input profit: ");                   //提示输入所接工程的利润
        scanf ("%ld", &profit);                      //输入所接工程的利润
        //计算提成比例
        if (profit <= 1000)
            ratio = 0;
        if (1000 < profit && profit <= 2000)
            ratio = (float)0.10;
        if (2000 < profit && profit <= 5000)
            ratio = (float)0.15;
        if (5000 < profit && profit <= 10000)
            ratio = (float)0.20;
        if (10000 < profit)
            ratio = (float)0.25;
        salary += profit * ratio;                    //计算当月薪水
        printf ("salary = %.2f\n", salary);          //输出结果
        getch();
    }
```

方法三：使用 switch 语句实现。

算法设计要点：为使用 switch 语句，必须将利润 profit 与提成比例的关系转换成某些整数与提成比例的关系。分析本例可知，提成的变化点都是 1000 的整数倍（即 1000、2000、5000、…），如果将利润 profit 整除 1000，则有：

| profit ≤ 1000 | 对应 0、1 |
| 1000 < profit ≤ 2000 | 对应 1、2 |

```
         2000 < profit ≤ 5000            对应 2、3、4、5
         5000 < profit ≤ 10000           对应 5、6、7、8、9、10
         10000< profit                   对应 10、11、12 等
```

为解决相邻两个区间的重叠问题，最简单的方法就是利润 profit 先减 1（最小增量），再整除 1000。

```
         profit ≤ 1000                   对应 0
         1000 < profit ≤ 2000            对应 1
         2000 < profit ≤ 5000            对应 2、3、4
         5000 < profit ≤ 10000           对应 5、6、7、8、9
         10000< profit                   对应 10、11、12 等
```

程序代码如下。

```c
void main ()
{
    long    profit;                     //所接工程的利润
    int     grade;
    float   ratio;                      //提成比例
    float   salary = 500;               //薪水，初始值为底薪 500 元
    printf ("Input profit: ");          //提示输入所接工程的利润
    scanf ("%ld", &profit);
    grade = (profit - 1) / 1000;
    switch ( grade )                    //计算提成比例
    {
        case  0: ratio = 0;  break;              // profit≤1000
        case  1: ratio = (float)0.10; break;     // 1000<profit≤2000
        case  2:
        case  3:
        case  4: ratio = (float)0.15; break;     // 2000<profit≤5000
        case  5:
        case  6:
        case  7:
        case  8:
        case  9: ratio = (float)0.20; break;     // 5000<profit≤10000
        default: ratio = (float)0.25;            // 10000<profit
    }
    salary += profit * ratio;                    //计算当月薪水
    printf ("salary = %.2f\n", salary);          //输出结果
    getch();
}
```

3. 案例执行结果

案例执行结果如图 4-3 所示。

图 4-3 案例执行结果

习 题 4

一、填空题

1. 在 C 语言中，表示逻辑"真"值用_____。
2. 得到整型变量 a 的十位数字的表达式为_____。
3. 表达式（6>5>4)+(float)(3/2)的值是_____。
4. 表达式 a=3,a-1‖--a,2*a（a 是整型变量）的值是_____。
5. 表达式（a=2.5-2.0)+(int)2.0/3（a 是整型变量）的值是_____。

二、选择题

1. 在 if 语句的嵌套中，else 总是与_____配对的。
   A．它前面未配对的 if   B．它前面最近的未配对的 if
   C．它前面书写在同一列的 if   D．它同一行的 if
2. 判断 char 型变量 ch 是否为大写字母的正确表达式是_____。
   A．'A'<=ch<='Z'   B．(ch>='A')&(ch<='Z')
   C．(ch>='A')&&(ch<='Z')   D．('A'<= ch)AND('Z'>=ch)
3. 已知 int x=10,y=20,z=30;，则以下语句执行后，x、y、z 的值是_____。
   ```
   if(x>y) z=x; x=y; y=z;
   ```
   A．x=10, y=20, z=30   B．x=20, y=30, z=30
   C．x=20, y=30, z=10   D．x=20, y=30, z=20
4. 请阅读以下程序：
   ```
   main()
   {  int  a=5 , b=0 , c=0;
      if(a=b+c)  printf("***\n");
      else     printf("$$$\n");
      getch() ;
   }
   ```

以上程序_____。
  A．有语法错误，不能通过编译　　B．可以通过编译但不能通过连接
  C．输出***　　　　　　　　　　D．输出$$$

5. 当 a=1，b=3，c=5，d=4 时，执行完以下程序后，x 的值是_____。

```
if(a<b)
   if(c<d)   x=1;
else
   if(a<c)
     if(b<d)   x=2;
     else x=3;
   else x=6;
else  x=7;
```

  A．1　　　　　B．2　　　　　C．3　　　　　D．6

三、程序阅读题

1. 写出以下程序的运行结果。

```
void main()
  { int x=1,y=0,a=0,b=0;
    switch(x)
    {  case 1:
          switch(y)
             {case 0:   a++; break;
              case 1:   b++; break;}
          case 2: a++;b++; break;
          case 3: a++;b++;
    }
    printf("\na=%d,b=%d",a,b);
  }
```

2. 写出以下程序的运行结果。

```
main()
{ int k=2,i=2,m;
  m=k+=i*=k;
  printf("%d,%d\n",m,i);
}
```

四、程序填空题

1. 以下程序的功能是输入 3 个实数，并按从小到大的顺序输出，请将程序补充完整。

```
#include "stdio.h"
  main()
   {float a,b,c,t;
    printf("请输入 3 个数 a,b and c: \n");
    scanf ("%f%f%f",&a,&b,&c);
    printf("输入的 3 个数为：");
    printf ("%6.2f,%6.2f,%6.2f\n",a,b,c);
```

```
        if(a>b)
           {t=a;a=b;b=t;}
        if(a>c)
           _____
        if(b>c)
           {t=b;b=c;c=t;}
        printf("排序后的 3 个数为: ");
        printf ("%6.2f,%6.2f,%6.2f\n",a,b,c);
     }
```

2. 以下程序的功能是根据性别 sex 和身高 tall 给某数据分类，如果 sex 为'F'，当 tall ≥150 时，输出 A，否则输出 B；若 sex 不为'F'，当 tall≥172 时，输出 A，否则输出 B，请将程序补充完整。

```
#include "stdio.h"
main()
{   int tall;
    char sex;
    printf(" 请输入性别和身高:");
    scanf("%c%d",&sex,&tall);
    if (sex=='F')
    {  if(tall>=150)     /*内嵌 if…else 语句*/
_____
       else printf("B");       }
    else
    {   if(tall>=172)
           printf("A");
        else printf("B");
    }
}
```

五、编程题

1．输入某年某月某日，判断这一天是这一年的第几天。
2．编程，从键盘上输入 x 的值，计算并输出下列分段函数的值。

```
y=0 (x<60)
y=1 (60 下面程序补充完整并调试≤x<70)
y=2 (70≤x<80)
y=3 (80≤x<90)
y=4 (x≥90)
```

3．编程，输入一个字符，判断其是字母、数字还是特殊字符。
4．编程，输入数字，输出其对应的月份。例如，输入 1，输出 January。
5．利用 switch 语句编写一个计算器程序，输入四则运算表达式，输出计算结果。

第 5 章

循 环 结 构

教学前言

日常生活中总会有许多简单而重复的工作,为完成这些必要的工作需要花费很多时间,而编写程序的目的就是使工作变得简单,使用计算机来处理这些重复的工作是最合适的。C 语言提供了循环结构来处理这类重复性工作。循环结构是 C 语言的三大控制结构之一,本章主要使读者了解循环语句的特点,分别介绍了 while 语句结构、do…while 语句结构和 for 语句结构 3 种循环结构,并且对这 3 种循环结构进行了区分讲解,以帮助读者掌握转移语句的相关内容。

教学要点

通过学习,要求学生了解循环语句的概念,掌握 while、do…while、for 循环语句的使用方式,区分 3 种循环语句的特点及掌握其嵌套使用方式,掌握使用转移语句控制程序流程的方法。

5.1 while 语句

1.语句格式

while 语句属于循环结构中的"当型"循环。其一般格式如下。

```
while (循环条件表达式)
{
    语句
}
```

2.执行过程

while 语句的执行过程如下。

（1）计算 while 后面括号中循环条件表达式的值，若其结果为真，则转入（2），否则转入（3）。

（2）执行循环体，并转入（1）。

（3）退出循环，执行循环体后面的语句。

由于 while 循环是先执行判断后执行循环体，所以循环体可能一次都不执行。

其循环体可以为空语句，即";"。

while 语句的特点是先判断，后执行。其流程图如图 5-1 所示。

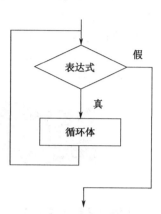

图 5-1　while 语句的流程图

注意事项：

（1）循环条件表达式可以是任意类型的表达式，但一般是条件表达式或逻辑表达式。

（2）为了便于维护程序和避免错误，建议即使循环体内只有一个语句，也用花括号括起来。

（3）循环体中应当有使循环趋于结束的语句，以避免"死循环"的发生。

说明： 无法终止的循环常被称为死循环或者无限循环。

【**例 5.1**】使用 while 语句求 1+2+3+…+100 的和。

编程思路： 这是一个累加问题，需要先后将 100 个数相加起来，要重复进行 100 次加法运算，显然可以用循环结构来实现。重复执行循环体 100 次，每次加一个数。可以发现每次累加的数是有规律的，后一个数是前一数加 1。因此，不需要每次都使用 scanf 语句从键盘上临时输入数据，只要在加完上一个数 i 后，使 i 加 1 即可得到下一个数。

程序代码如下。

```
#include <stdio.h>
int main()
{
    int i,s;                /*变量定义*/
    i=1;
    s=0;                    /*变量初始化*/
    while(i<=100)
    {
        s=s+i;              /*进行累加*/
        i++;                /*增加数字*/
    }
    printf("1+2+3+…+100 的和是%d\n",s);
    return 0;
}
```

说明：

（1）在程序代码中，因为要计算 1～100 的累加结果，所以要定义两个变量，i 和 s，其中 i 表示 1～100 中的数字，s 表示计算的结果，这里将 i 赋值为 1，s 赋值为 0。

（2）使用 while 语句判断 i 是否小于等于 100，如果条件为真，则执行其后语句块中的内容；如果条件为假，则跳过语句块执行后面的内容。i 的初始值为 1，判断的条件为真，因此执行语句块。

（3）在语句块中，总和 s 等于先前计算的总和结果加上现在 i 表示的数字，完成累加操作。i++表示自身加 1 操作，语句块执行结束，while 循环再次判断新的 i 值。也就是说，"i++;"语句可以使循环体停止。

（4）当 i 大于 100 时，循环操作结束，将结果 s 输出。

程序运行结果如图 5-2 所示。

图 5-2　例 5.1 程序运行结果

【例 5.2】计算 s=1+2+3…，直到 s 大于 1000 为止，输出最后一个累加的数和 s 的值。

编程思路： 本例要求将一个变化的自然数 i 反复加入到变量 s 中，直到 s 大于 1000 为止，从题目中挖掘循环条件 s<=1000。

程序代码如下。

```c
#include <stdio.h>
int main()
{
    int i,s;                          /*变量定义*/
    i=1;
    s=0;                              /*变量初始化*/
    while(s<=1000)
    {
        s=s+i;                        /*进行累加*/
        i++;                          /*增加数字*/
    }
    i=i-1;                            /*最后一个累加的数*/
    printf("i=%d,s=%d\n",i,s);        /*输出结果*/
    return 0;
}
```

程序运行结果如图 5-3 所示。

图 5-3　例 5.2 程序运行结果

【例 5.3】输入 10 个整数，统计出奇数之和及偶数之和。

编程思路： 本例要求重复做 10 次，从键盘上输入一个数，并判断这个数是奇数还是偶数，若为奇数，则累加到 s1 中，若为偶数，则累加到 s2 中。

程序代码如下。

```
#include <stdio.h>
int main()
{
    int i,s1,s2,x;
    i=1;
    s1=0;
    s2=0;
    while(i<=10)
    {
        scanf("%d",&x);
        if(x%2!=0)
        s1=s1+x;
        else
        s2=s2+x;
        i++;
    }
    printf("奇数之和 s1=%d\偶数之和 s2=%d\n",s1,s2);
    return 0;
}
```

程序运行结果如图 5-4 所示。

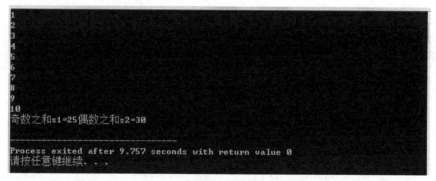

图 5-4　例 5.3 程序运行结果

5.2　do…while 语句

1. 语句格式

do…while 语句属于循环结构中的"直到型"循环。其一般格式如下。

```
do
{
    语句;
}
while（表达式）;
```

2. 执行过程

do…while 语句的执行过程如下。

（1）执行循环体，转入（2）。

（2）计算 while 后面括号中表达式的值，若其结果非 0，则转入（1），否则转入（3）。

（3）退出循环，执行循环体后面的语句。

do…while 语句的特点是先执行语句，后判断表达式，即无论条件是否成立，循环体至少执行一次。其流程图如图 5-5 所示。

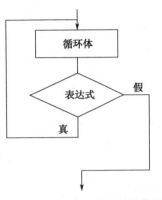

图 5-5　do…while 语句的流程图

注意事项：

do…while 语句最后的分号（;）不可少，否则会提示出错，其循环体至少执行一次。

【例 5.4】将例 5.1 用 do…while 语句来实现。

编程思路： 见例 5.1。

程序代码如下。

```c
#include <stdio.h>
int main()
{
    int i,s;
    i=1;
    s=0;
    do
    {
        s=s+i;
        i++;
    }
    while(i<=100);
    printf("1+2+3+…+100的和是%d\n",s);
    return 0;
}
```

程序运行结果如图 5-6 所示。

图 5-6　例 5.4 程序运行结果

【例 5.5】将例 5.2 用 do…while 语句来实现。

编程思路： 见例 5.2。

程序代码如下。

```c
#include <stdio.h>
int main()
```

```c
{
    int i,s;
    i=1;
    s=0;
    do
    {
        s=s+i;
        i++;
    }
    while(s<=1000);
    i=i-1;
    printf("i=%d,s=%d\n",i,s);
    return 0;
}
```

程序运行结果如图 5-7 所示。

```
i=45,s=1035

Process exited after 0.2196 seconds with return value 0
请按任意键继续. . .
```

图 5-7 例 5.5 程序运行结果

【例 5.6】将例 5.3 用 do…while 语句来实现。

编程思路：见例 5.3。

程序代码如下。

```c
#include <stdio.h>
int main()
{
    int i,s1,s2,x;
    i=1;
    s1=0;
    s2=0;
    do
    {
        scanf("%d",&x);
        if(x%2!=0)
            s1=s1+x;
        else
            s2=s2+x;
        i++;
    }
    while(i<=10);
    printf("奇数之和 s1=%d\偶数之和 s2=%d\n",s1,s2);
    return 0;
}
```

程序运行结果如图 5-8 所示。

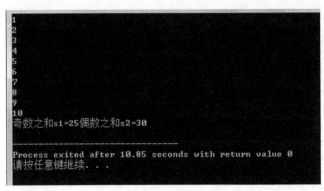

图 5-8 例 5.6 程序运行结果

5.3 for 语句

1. 语句格式

for 语句是循环控制结构中使用最广泛的一种语句，特别适用于已知循环次数的情况。其一般格式如下。

```
for (表达式1;表达式2;表达式3)
{
    语句
}
```

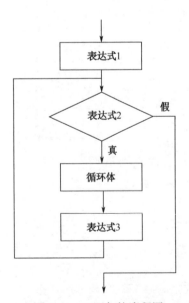

其中，表达式 1 一般为赋值表达式，用于给控制变量赋初值；表达式 2 为关系表达式或逻辑表达式，作为循环控制条件；表达式 3：一般为赋值表达式，用于控制变量增加或减少；语句为循环体，当有多个语句时，必须使用复合语句。其流程图如图 5-9 所示。

2. 执行过程

for 语句的执行过程如下。

（1）计算表达式 1。
（2）判断表达式 2 是否为真（非 0 为真，0 为假）。
（3）若为真，则转入（4），否则，转入（7）。
（4）执行循环体。
（5）执行表达式 3。
（6）程序流程转入（2）。
（7）退出循环。

图 5-9 for 语句的流程图

注意事项：

（1）for 语句的 3 个表达式都是可以省略的，但分号";"绝对不能省略。
（2）省略了"表达式 1(循环变量赋初值)"，表示不对循环控制变量赋初值或者已经把赋初值语句放在了 for 语句的前面。

（3）省略了"表达式 2(循环条件)"，不做其他处理时便成为死循环，这就需要在循环体语句中放有循环结束的语句。

（4）省略了"表达式 3(循环变量增量)"，则不对循环控制变量进行操作，此时可在语句体中加入修改循环控制变量的语句。

所以，for 语句有以下几种格式。

```
第一种格式：                        第二种格式：
for(;;)                            for(;表达式2;表达式3)
    语句；                             语句；
第三种格式：                        第四种格式：
for(表达式1;表达式2;)               for(i=1,j=n;i<j; i++,j--)
    语句；                             语句；
```

【例 5.7】计算 $n!$。

编程思路：这是一个累乘问题，需要先从键盘上输入一个数 n，再将 1 到 n 个数相乘。要重复进行 n 次乘法运算，显然可以用循环结构来实现。重复执行循环体 n 次，每次乘一个数。可以发现每次累乘的数是有规律的，后一个数是前一数加 1。因此，不需要每次都使用 scanf 语句从键盘上临时输入数据，只要在乘完上一个数 i 后，使 i 加 1 即可得到下一个数。

程序代码如下。

```c
#include <stdio.h>
int main()
{
    int i,s,n;
    scanf("%d",&n);
    for(i=1,s=1;i<=n;i++)
        s=s*i;
    printf("n!=%d",s);
    return 0;
}
```

程序运行结果如图 5-10 所示。

图 5-10 例 5.7 程序运行结果

【例 5.8】输出 100～200 中能被 3 整除的数。

编程思路：这是循环判断问题，需要用 100～200 中的每个数数去判断能否被 3 整除，如果能整除 3，则将这个数输出；如果不能整除，则继续判断下一个数。

程序代码如下。

```c
#include <stdio.h>
int main()
{
    int i;
```

```
    for(i=100;i<=200;i++)
      if(i%3==0)
          printf("%5d",i);
    return 0;
}
```

程序运行结果如图 5-11 所示。

```
 102  105  108  111  114  117  120  123  126  129  132  135  138  141  144  147
 150  153  156  159  162  165  168  171  174  177  180  183  186  189  192  195
 198
--------------------------------
Process exited after 0.2731 seconds with return value 0
请按任意键继续. . .
```

图 5-11　例 5.8 程序运行结果

【例 5.9】 求 Fibonacci 数列的前 40 项。这个数列中的各项为 1，1，2，3，5，8，13，21，…，用数学方法表示为

$$\begin{cases} F_1 = 1 & (n=1) \\ F_2 = 1 & (n=2) \\ F_n = F_{n-1} + F_{n-2} & (n\geqslant 3) \end{cases}$$

编程思路： 这个数列的特点是第一个数为 1，第二个数为 1，从第三个数开始，当前数是前面两个数的和，故可以定义两个变量——f1=1，f2=1；第三个数 f3=f1+f2，但在求第四个数 f4 时需要的是 f2 和 f3，在此不使用 f3、f4 等变量，可以把 f1+f2 的结果放入 f1 中，即 f1 此时为第三个数，第四个数就是 f2+f1。

程序代码如下。

```
#include <stdio.h>
int main()
  {
     int f1=1,f2=1;  int i;
     for(i=1; i<=20; i++)
     {printf("%12d %12d ",f1,f2);
        if(i%2==0) printf("\n");
        f1=f1+f2;
        f2=f2+f1;
  }
  return 0;
 }
```

程序运行结果如图 5-12 所示。

```
           1            1            2            3
           5            8           13           21
          34           55           89          144
         233          377          610          987
        1597         2584         4181         6765
       10946        17711        28657        46368
       75025       121393       196418       317811
      514229       832040      1346269      2178309
     3524578      5702887      9227465     14930352
    24157817     39088169     63245986    102334155

--------------------------------
Process exited after 0.2388 seconds with return value 0
请按任意键继续. . .
```

图 5-12　例 5.9 程序运行结果

【例 5.10】 一只球从 100m 的高度自由落下,每次落地后反跳回原高度的一半,并再次落下。求:它在第 10 次落地时,共经过多少米?第 10 次反弹多高?

编程思路: 球从第一次落地到第二次落地经过了第一次高度一半的两倍(上抛和下落),共经过了(100+50*2)m,将此结果存放在 sum 变量中。将每次的高度存放在 height 变量中,经过的路程存放在 sum 变量中。

程序代码如下。

```c
#include <stdio.h>
int main()
{
  float height=100.0,sum=100;
  int i;
  for(i=1;i<10;i++)              /*反弹 9 次,10 次落地*/
  {
    height=height/2;             /*反弹后的高度*/
    sum=sum+height*2;            /*sum 为先前球的高度加上反弹的两次路线*/
  }
  printf("共经过 %f 米\n",sum);
  printf("第 10 次反弹的高度是:%f 米\n",height/2);/*反弹 10 次后的高度*/
  return 0;
}
```

程序运行结果如图 5-13 所示。

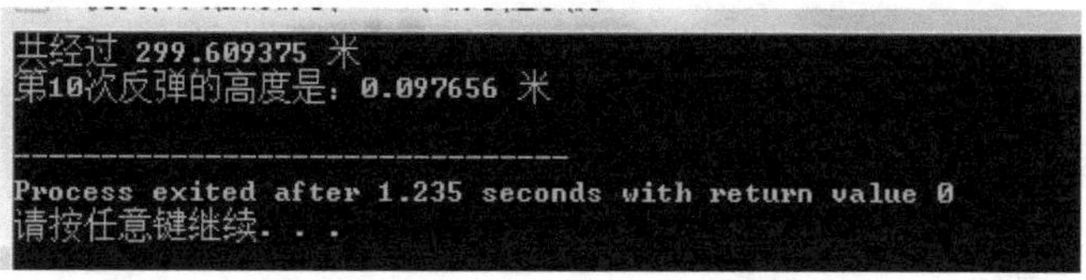

图 5-13　例 5.10 程序运行结果

5.4　3 种循环语句的比较

同一个问题,往往既可以用 while 语句解决,又可以用 do…while 或者 for 语句来解决,但在实际应用中,应根据具体情况来选用不同的循环语句。选用的一般原则如下。

(1)如果循环次数在执行循环体之前就已确定,则一般使用 for 语句。如果循环次数是由循环体的执行情况确定的,则一般使用 while 语句或者 do…while 语句。

(2)当循环体至少执行一次时,使用 do…while 语句;如果循环体可能一次也不执行,则选用 while 语句。

C 循环语句中,for 语句使用频率最高,while 语句其次,do…while 语句很少用。

3 种循环语句可以互相嵌套、自由组合。但需要注意的是,各循环必须完整,相互之间不允许交叉。

5.5 循环的嵌套

一个循环结构内又包含另一个完整的循环结构，这称为循环的嵌套。内嵌的循环中还可以嵌套循环，这就是多层循环。

1．循环嵌套的结构

while、do…while 和 for 循环结构之间可以互相嵌套。
（1）while 结构中嵌套 while 结构。

```
while(表达式)
{
    语句
    while(表达式)
    {
        语句
    }
}
```

（2）do…while 结构中嵌套 do…while 结构。

```
do
{
    语句
    do
    {
        语句
    }
    while(表达式);
}
while(表达式);
```

（3）for 结构中嵌套 for 结构。

```
for(表达式1;表达式2;表达式3)
{
    语句
    for(表达式1;表达式2;表达式3)
    {
        语句
    }
}
```

（4）while 结构中嵌套 do…while 结构。

```
while(表达式)
{
    语句
```

```
    do
    {
        语句
    }
    while(表达式);
}
```

（5）while 结构中嵌套 for 结构。

```
while(表达式)
{
    语句
    for(表达式1;表达式2;表达式3)
    {
        语句
    }
}
```

（6）do…while 结构中嵌套 while 结构。

```
do
{
    语句
    {
    while(表达式)
    {
        语句
    }
    }
}
while(表达式);
```

（7）do…while 结构中嵌套 for 结构。

```
do
{
    语句
    for(表达式1;表达式2;表达式3)
    {
        语句
    }
}
while(表达式);
```

（8）for 结构中嵌套 while 结构。

```
for(表达式1;表达式2;表达式3)
{
    语句
        while(表达式)
        {
            语句
```

```
        }
    }
```

(9) for 结构中嵌套 do...while 结构。

```
for(表达式1;表达式2;表达式3)
{
    语句
    do
    {
        语句
    }
    while(表达式);
}
```

嵌套的结构表明各循环之间只能是"包含"关系,即一个循环结构完全在另一个循环结构中。通常把里面的循环称为"内循环",外面的循环称为"外循环"。

C 语言的 3 种循环语句都可以嵌套,既可以自身嵌套,又可以相互嵌套。循环嵌套的层数没有限制,但使用较多的是二重循环或三重循环。

注意事项:
① 循环结构嵌套时,嵌套的层次不能交叉。
② 嵌套的内外循环不能使用同名的循环变量。
③ 并列结构的内外循环允许使用同名的循环变量。

2. 循环嵌套举例

【例 5.11】编程,输出九九乘法表。

编程思路: 九九乘法表共有 9 行 9 列,可以使用 i 控制行、j 控制列,以二重循环来实现。

程序代码如下。

```c
#include <stdio.h>
int main()
{
    int i,j;
    for(i=1;i<=9;i++)
    {
        for(j=1;j<=i;j++)
            printf("%d*%d=%d\t",j,i,i*j);
        printf("\n");
    }
    return 0;
}
```

程序运行结果如图 5-14 所示。

```
1*1=1
1*2=2   2*2=4
1*3=3   2*3=6   3*3=9
1*4=4   2*4=8   3*4=12  4*4=16
1*5=5   2*5=10  3*5=15  4*5=20  5*5=25
1*6=6   2*6=12  3*6=18  4*6=24  5*6=30  6*6=36
1*7=7   2*7=14  3*7=21  4*7=28  5*7=35  6*7=42  7*7=49
1*8=8   2*8=16  3*8=24  4*8=32  5*8=40  6*8=48  7*8=56  8*8=64
1*9=9   2*9=18  3*9=27  4*9=36  5*9=45  6*9=54  7*9=63  8*9=72  9*9=81

--------------------------------
Process exited after 0.3059 seconds with return value 0
请按任意键继续. . .
```

图 5-14　例 5.11 程序运行结果

【例 5.12】 利用循环编程从键盘上输入 *n*（*n*<10），求 1！+2！+3！+…+*n*！的和。

编程思路： 计算 1！+2！+3！+…+*n*！的和相当于计算 1+1×2+1×2×3+…+1×2×3…×*n*，可以用嵌套循环，其中外循环控制变量 i 从 1 到 *n*，计算 1 到 *n* 的各个阶乘的累加求和，内循环控制变量 j 从 1 到 i，计算从 1 乘到 i，即 i!。

程序代码如下。

```
#include <stdio.h>
int main()
{
    int i,j,n,t;
    long s=0;
    printf("请输入一个小于 10 的整数：");
    scanf("%d",&n);
    for(i=1;i<=n;i++)
      {
        t=1;
        for(j=1;j<=i;j++)
          t=t*j;
        s=s+t;
      }
    printf("1! +2! +3! +……+%d! =%ld",n,s);
    return 0;
}
```

程序运行结果如图 5-15 所示。

```
请输入一个小于10的整数：8
1! +2! +3! +……+8! =46233
--------------------------------
Process exited after 2.959 seconds with return value 0
请按任意键继续. . .
```

图 5-15　例 5.12 程序运行结果

```
input rows:7
      *
     ***
    *****
   *******
  *********
 ***********
*************
```

图 5-16　正立三角形

【例 5.13】 从键盘上输入某行数，输出如图 5-16 所示的正立三角形。

编程思路： 输出图案实质上可看作从上到下顺序输出一行行字符，而每行字符又可分解为空格和图案字符。从程序实现来说，图案输出可采用两层循环来实现，外循环控制行，而内循环控制列输出。

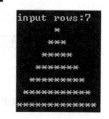

但需要注意每行图案字符后面的空格字符的输出情况，由于每行图案字符和空格字符的个数都是有规律可循的，因此只要正确设置好列循环条件，即可实现图案输出。

程序代码如下。

```c
#include <stdio.h>
int main()
{
    int n,row,col;
    printf("input rows:");
    scanf("%d",&n);
    for(row=1;row<=n;row++)                 /*控制行数*/
    {
        for(col=1;col<=n-row;col++)
        {
            printf(" ");                    /*控制星号前的空格*/
        }
        for(col=1;col<=2*row-1;col++)       /*输出每行中的星号*/
            printf("*");
        printf("\n");                       /*一行输完后换行*/
    }
    return 0;
}
```

程序运行结果如图 5-17 所示。

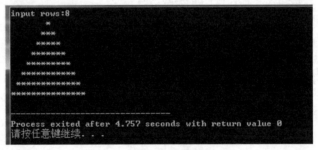

图 5-17　例 5.13 程序运行结果

注意事项：

（1）循环边界的控制。

（2）外循环执行一次，内循环执行一遍。

（3）总循环次数=外循环次数×内循环次数。

（4）编程时要找出内外循环控制变量之间的某种变化规律，这是嵌套循环编程要重点考虑的问题，也是最难的地方。

5.6　循环体中的控制命令

1. 使用 break 语句提前终止循环

break 语句的一般格式如下。

```
break;
```

含有 break 语句的循环结构的流程图如图 5-18 所示。

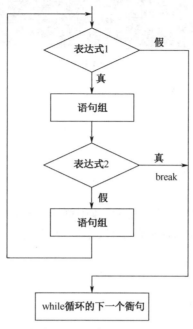

图 5-18　含有 break 语句的循环结构的流程图

在选择结构中，使用 break 语句可以令流程跳出 switch 结构，继续执行 switch 语句下面的语句。实际上，break 语句也可以用来从循环体内跳出，即提前结束循环，并执行循环后面的语句。

【例 5.14】从键盘上输入一个整数 m，判断该数是否为素数。

编程思路：素数即为除 1 和它本身外，不能被其他数整除的数，判断一个整数 m 是否为素数，即判断 m 能否被 2～m-1 中的任意整数整除，若不能，即为素数；若能，则不是素数。

程序代码如下。

```
#include <stdio.h>
int main()
{
    int m,i;
    printf("请输入一个整数m:");
    scanf("%d",&m);
    for(i=2;i<m;i++)
      {
         if(m%i==0)
         break;
      }
    if(i==m)
       printf("%d是素数",m);
    else printf("%d不是素数",m);
}
```

程序运行结果如图 5-19 所示。

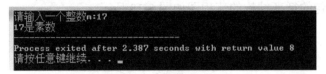

图 5-19　例 5.14 程序运行结果

2. 使用 continue 语句提前结束本次循环

在某些情况下，程序需要返回到循环头部继续执行，而不是跳出循环，此时可使用 continue 语句。

continue 语句的一般格式如下。

```
continue;
```

其作用就是结束本次循环，即跳过循环体中尚未执行的部分，并执行下一次的循环操作。含有 continue 语句的循环结构的流程图如图 5-20 所示。

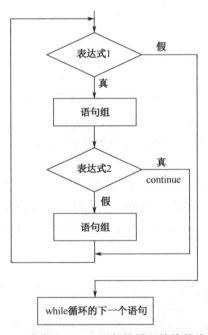

图 5-20　含有 continue 语句的循环结构的流程图

【例 5.15】输出 100～200 中不能被 3 整除的数。

编程思路：显然，需要对 100～200 中的每一个整数进行检查，如果不能被 3 整除，则将此数输出；若能被 3 整除，则不输出此数。无论是否输出此数，都要继续检查下一个数（直到 200 为止）。

程序代码如下。

```
#include <stdio.h>
int main()
{int n;
 for (n=100;n<200;n++)
```

```
        {
            if (n%3==0)
            continue;
            printf("%5d",n);
        }
    return 0;
}
```

程序运行结果如图 5-21 所示。

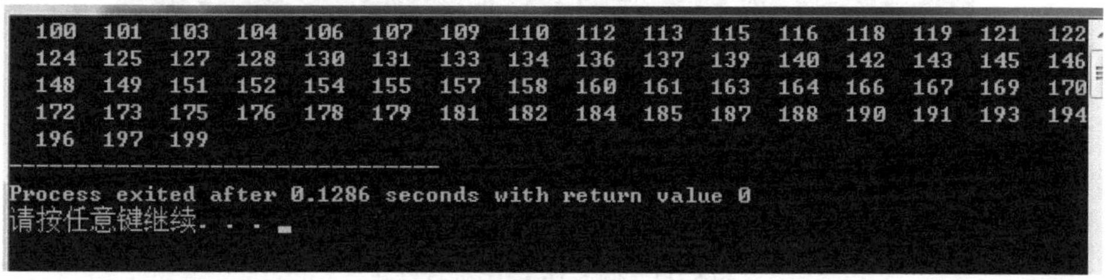

```
100 101 103 104 106 107 109 110 112 113 115 116 118 119 121 122
124 125 127 128 130 131 133 134 136 137 139 140 142 143 145 146
148 149 151 152 154 155 157 158 160 161 163 164 166 167 169 170
172 173 175 176 178 179 181 182 184 185 187 188 190 191 193 194
196 197 199
--------------------------------
Process exited after 0.1286 seconds with return value 0
请按任意键继续. . .
```

图 5-21 例 5.15 程序运行结果

3．continue 语句和 break 语句的区别

continue 语句和 break 语句的区别：continue 语句只结束本次循环，而不是终止整个循环；break 语句结束整个循环过程，不再判断执行循环的条件是否成立。此外，continue 语句只能在循环结构中使用，即只能在 for、while 和 do…while 中使用。

5.7 循环结构程序设计举例

【例 5.16】"百钱白鸡"问题：我国古代数学家张丘建所著的《算经》中有这样一道题——"鸡翁一，值钱五；鸡母一，值钱三；鸡雏三，值钱一。百钱买百鸡，问鸡翁、鸡母、鸡雏各几何？"。（鸡翁、鸡母、鸡雏不为零。）

编程思路：假设鸡翁买 x 只，鸡母买 y 只，鸡雏买 z 只，则由题意可得

```
x+y+z=100
5x+3y+z/3=100
```

程序代码如下：

```
#include <stdio.h>
int main()
{
    int x,y, z;
    printf("百元买百鸡的问题所有可能的解如下：\n");
    for( x=0; x <= 100; x++ )
        for( y=0; y <= 100; y++ )
            for( z=0;z<= 100; z++ )
            {
                if( 5*x+3*y+z/3==100 &&z%3==0 && x+y+z==100 )
```

```
            {
                printf("公鸡 %2d 只, 母鸡 %2d 只, 小鸡 %2d 只\n", x, y, z);
            }
        }
    return 0;
}
```

程序运行结果如图 5-22 所示。

```
百元买百鸡的问题所有可能的解如下:
公鸡  0 只, 母鸡 25 只, 小鸡 75 只
公鸡  4 只, 母鸡 18 只, 小鸡 78 只
公鸡  8 只, 母鸡 11 只, 小鸡 81 只
公鸡 12 只, 母鸡  4 只, 小鸡 84 只
--------------------------------
Process exited after 0.04756 seconds with return value 0
请按任意键继续. . .
```

图 5-22 例 5.16 程序运行结果

【例 5.17】猴子吃桃问题：猴子第一天摘下若干个桃子，当即吃了一半，还不过瘾，又多吃了一个；第二天早上将剩下的桃子吃掉一半，又多吃了一个；以后每天早上都吃了前一天剩下的一半零一个；到第 10 天时，只剩下一个桃子。求猴子第一天共摘了多少个桃子。

编程思路：本例采用逆向思维的方法，从后往前推断，即前一天的桃子数是（后一天桃子数+1）×2。用列举法可以找出其中的规律。

程序代码如下。

```c
#include <stdio.h>
int main()
{
    int day=9,x1,x2;
    x2=1;
    while(day>0)
    {
        x1=(x2+1)*2;
        x2=x1;
        day--;
    }
    printf("第一天共摘的桃子个数是： %d\n",x1);
    return 0;
}
```

程序运行结果如图 5-23 所示。

```
第一天共摘的桃子个数是： 1534
--------------------------------
Process exited after 0.01206 seconds with return value 0
请按任意键继续. . .
```

图 5-23 例 5.17 程序运行结果

【例 5.18】输入两个正整数 m 和 n，求其最大公约数和最小公倍数。

编程思路：求两个正整数的最大公约数和最小公倍数采用的是欧几里得算法，也就是人们常说的辗转相除法，该算法如下。

（1）对于已知的两个正整数 m、n，使得 $m>n$。

（2）m 除以 n，得出余数 r。

（3）若 $r=0$，则 n 为最大公约数，结束；否则转入（4）。

（4）$m \leftarrow n$，$n \leftarrow r$，再重复执行步骤（2）。

从算法可以看出，求最大公约数是通过循环来实现的，循环结束的条件是余数为零，而最小公倍数等于两个正整数的乘积与最大公约数的商。

程序代码如下。

```c
#include <stdio.h>
int main()
{
    int m,n,r,t,p,k;
    printf("请输入两个数m和n:");
    scanf("%d%d",&m,&n);
    p=m;
    k=n;
    if(m<n)
      {
          t=m;
          m=n;
          n=t;
      }
    while((r=m%n)!=0)
    {
        m=n;
        n=r;
    }
    printf("%d和%d的最大公约数是%d\n",p,k,n);
    printf("%d和%d的最小公倍数是%d",p,k,p*k/n);
    return 0;
}
```

程序运行结果如图 5-24 所示。

图 5-24 例 5.18 程序运行结果

【例 5.19】根据数学知识可知圆周率的计算可按下式进行，试编程计算圆周率，并试着将 n 取不同的值（几至少为 1000000），查看计算出的圆周率结果有何不同。

$$\frac{\pi}{4} \approx 1 - \frac{1}{3} + \frac{1}{5} - \frac{1}{7} + \cdots + \frac{1}{2n-1}$$

程序代码如下。

```c
#include <stdio.h>
int main()
{
  double s=0;
  int i,n,p=1;
  printf("请输入要计算的项数: ");
  scanf("%d",&n);
  if(n<0)
      printf("输入的项数错误! \n");
  else{

      for(i=1;i<=n;i++)
      {
         s=s+1.0/(2*i-1)*p;
         p=-p;
      }
      printf("圆周率的近似值为: %20.16f\n",4*s);
  }
  return 0;
}
```

程序运行结果如图 5-25 所示。

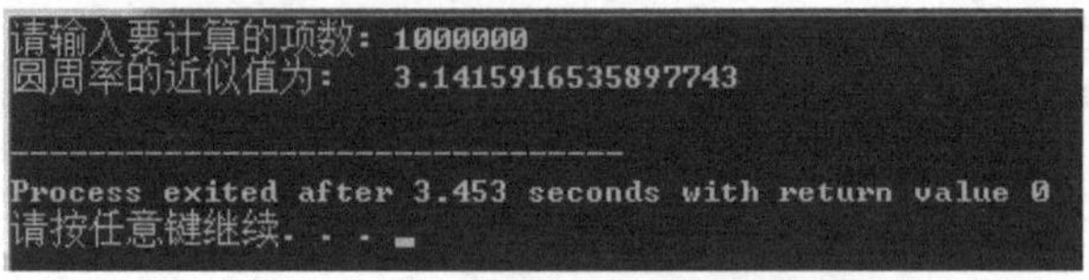

图 5-25　例 5.19 程序运行结果

【例 5.20】有两个羽毛球队进行比赛，每队各出 3 人，每个人只比一次。甲队为 A、B、C 三人，乙队为 X、Y、Z 三人。有人打听比赛名单，A 说他不和 X 比赛，C 说他不和 X、Z 比赛。请编程找出两队赛手的名单。

程序代码如下。

```c
#include <stdio.h>
int main()
{
   char a,b,c;
   for(a='X';a<='Z';a++)
      for(b='X';b<='Z';b++)
         for(c='X';c<='Z';c++)
            if((a!='X')&&(c!='X')&&(c!='Z')&&(a!=b)&&(a!=c)&&(b!=c))
               printf("A-%c B-%c C-%cn",a,b,c);
   return 0;
}
```

程序运行结果如图 5-26 所示。

图 5-26　例 5.20 程序运行结果

习　题　5

一、填空题

1. 语句 for(i=0;i<10;i++);运行结束后，i 的值是_____。
2. 若 k 为整型变量，则以下 while 循环执行的次数为_____。

```
k=10;
while(k==0)   k=k-1;
```

3. 循环的 3 个常见语句是_____、_____和_____。
4. 以下程序的运行结果为_____。

```
main()
{
    int a=10,y=0;
    do
    {
        a+=2;y+=a;
        if(y>50) break;
    }while(a<14);
    printf("a=%d.y=%d\n",a.y);
}
```

5. 以下程序运行后，a 的值为_____。

```
main()
{
    int i,j,a=0;
    for(i=0;i<2;i++)
        a++;
    for(j=4;j>=0;j--)
        a++;
}
```

二、选择题

1. 语句 while (!e);中的条件!e 等价于（　　）。
   A．e==0　　　　B．e!=1　　　　C．e!=0　　　　D．~e
2. 下面有关 for 循环的正确描述是（　　）。
   A．for 循环只能用于循环次数已经确定的情况
   B．for 循环需要先执行循环体语句，后判定表达式
   C．在 for 循环中，不能使用 break 语句跳出循环体

D. 在 for 循环体中，可以包含多个语句，但要用花括号括起来

3. C 语言中（   ）。

   A. 不能使用 do...while 语句构成的循环

   B. do...while 语句构成的循环必须用 break 语句才能退出

   C. do...while 语句构成的循环，当 while 语句中的表达式值为非零时结束循环

   D. do...while 语句构成的循环，当 while 语句中的表达式值为零时结束循环

4. C 语言中，while 和 do...while 循环的主要区别是（   ）。

   A. do...while 的循环体至少无条件执行一次

   B. while 的循环控制条件比 do...while 的循环控制条件严格

   C. do...while 允许从外部转到循环体内

   D. do...while 的循环体不能是复合语句

5. 以下程序段（   ）。

```
int x=-1;
do
{
    x=x*x;
}
while (!x);
```

   A. 是死循环   B. 循环执行两次

   C. 循环执行一次   D. 有语法错误

三、程序阅读题

1. 写出以下程序运行后 sum 的值。

```
#include <stdio.h>
int main()
{
    int i, sum;
    for(i=1;i<6;i++) sum+=i;
    printf("%d\n",sum);
    return 0;
}
```

2. 写出以下程序的运行结果。

```
#include <stdio.h>
int main()
{
    int i=10,m=0,n=0;
    do
    {
        if(i%2!=0)
            m=m+i;
        else
            n=n+i;
        i--;
```

```
    }while(i>=0);
    printf("m=%d,n=%d\n",m,n);
    return 0;
}
```

3. 写出以下程序的运行结果。

```
#include <stdio.h>
void main()
{
    int i, j;
    for(i=2;i>=0;i--)
    {
        for(j=1;j<=i;j++)
            printf("*");
        for(j=0;j<=2-i;j++)
            printf("!");
        printf("\n");
    }
}
```

4. 写出以下程序的运行结果。

```
#include <stdio.h>
void main()
{
    int a,b;
    for(a=1,b=1;a<=100;a++)
    {
        if(b>20) break;
            if(b%4==1)
            {
                b=b+4;
                continue;
            }
        b=b-5;
    }
    printf("a=%d\n",a);
}
```

5. 写出以下程序的运行结果。

```
#include <stdio.h>
void main()
{
    char ch;
    while((ch=getchar())!='\n')
    {
        if (ch>='A'&&ch<='Z')
            ch=ch+32;
        else if (ch>='a'&&ch<='z')
            ch=ch-32;
```

```
        printf("%c",ch);
    }
}
```

输入：ABCdef<回车>。

四、程序填空题

1. 以下程序的功能是输出 100～200 中不能被 3 整除的数，请将程序补充完整。

```
main()
{
    int n;
    for(n=100;n<=200;n++)
    {
        if(n%3==0)  _____;
        printf("%d ",n);
    }
}
```

2. 以下程序的功能是输入任意整数，并反向输出（如输入 1234，输出 4321），请将程序补充完整。

```
#include "stdio.h"
void main()
{   long y,n;
    printf("please input a integer:");
    scanf("%ld",&y);
    while(y!=0)
        {_____;
         printf("%ld",n);
         _____;
        }
}
```

3. 以下程序的功能是将小写字母变成对应大写字母后的第二个字母，如 y 变成 A、Z 变成 B，请将程序补充完整。

```
#include <stdio.h>
main()
{
    char c;
    while((c=getchar( ))!='\n')
    {
        if(c>='a'&&c<='z')
            {_____;
             if(c>='Z'&&c<=' Z'+2)
                _____;
            }
        printf("%c",c);
    }
}
```

4. 以下程序的功能是输出 1 到 100 之间各位数的乘积大于各位数的和的数字。例如，数字 26，数位上数字的乘积 12 大于数字之和 8。请将程序补充完整。

```
#include <stdio.h>
main()
{
    int n,k=1,s=0,m;
    for(n=1; n<=100; n++)
    {
        k=1; s=0;
        _____;
        while( _____ )
        {
            k*=m%10;
            s+=m%10;
            _____;
        }
        if(k>s) printf("%d",n);
    }
}
```

5. 以下程序的功能是输出 100 以内的个位数为 6 且能被 3 整除的所有数，请将程序补充完整。

```
#include <stdio.h>
main()
{
    int i,j;
    for(i=0; _____ ;i++)
    {
        j=i*10+6;
        if(_____)
            continue ;
        printf("%d",j);
    }
}
```

五、编程题

1. 编程输出所有的 3 位水仙花数。所谓水仙花数是指某数的所有位的数字的立方之和等于该数，如 $153=1^3+3^3+5^3$。

2. 输入一个大写字母并输出菱形。菱形中间一行由该字母组成，相邻的各行由该字母前面的字母依次组成，直到字母 A 出现在第一行和最末行为止。例如，输入字母 D，输出图形如下。

```
   A
  BBB
 CCCCC
DDDDDDD
 CCCCC
  BBB
   A
```

3．有一个 4 位数，当它逆向排列时，得到的 4 位数是其自身的整数倍，请找出所有符合这一条件的 4 位数。

4．求 $S_n=a+aa+aaa+\cdots aaaa+\cdots$（$n$ 个 a），其中，a 和 n 都从键盘上输入，如从键盘上输入 2，5，则计算 S5=2+22+222+2222+22222。

5．韩信有一队兵，他想知道这一队中有多少人，便让士兵排队报数：按从 1 至 5 报数，最末一个士兵报的数为 1；按从 1 至 6 报数，最末一个士兵报的数为 5；按从 1 至 7 报数，最末一个士兵报的数为 4；按从 1 至 11 报数，最末一个士兵报的数为 10。求韩信至少有多少兵。

第 6 章

数 组

教学前言

迄今为止，我们所能操作的都是属于基本数据类型（整型、实型、字符型）的数据。在程序中，经常需要对一批数据进行操作，而 C 语言恰好提供了成批数据的组织方式——构造类型，包括数组、结构体和共用体类型。构造类型数据是由基本数据类型按一定规则组成的，最基本的构造类型就是数组。

假如现在要统计一个班 50 名学生 C 语言课程的平均成绩，该怎么办呢？通过之前章节的学习，相信读者很容易联想到利用变量存储数据的方式来解决这一问题。首先，定义 50 个整型或者浮点型变量，用来存储这些学生的 C 语言成绩；其次，求出所有学生的 C 语言成绩总和；最后依据成绩之和、学生总数来计算平均成绩。但如果要对 1 万名学生进行 C 语言平均成绩的统计呢？此时需要定义 1 万个变量，由此所形成的代码量可是一个不小数字，变量一多，不仅容易引起变量名称冲突，索引起来也比较麻烦。如果采用数组，则只需要定义一个数组变量即可存储这些学生的 C 语言成绩，而且通过数组元素可以获取每个学生的 C 语言成绩。看起来是不是很方便呢?本章介绍的是数组类型，主要学习如何在 C 语言中定义和使用数组。

教学要点

通过本章的学习，要求读者了解数组的概念，掌握一维数组及二维数组的定义和引用，理解多维数组的含义，掌握字符数组和字符串数组的区别，熟悉字符串常见的处理函数。

6.1 初识数组

数组就是一组具有固定数目的、有序的、类型相同的数据的集合。一个数组是一组连续的内存空间，用来保存数据。既然数组是同类型有序数据的集合，那么可以为该数据集合取一个名称,称为数组名。该数据集合中的各数据项称为数组元素。需要注意的是,数组的有序性是指数组元素存储的有序性,而不是指数组元素值有序。例如,一个班级中有 50 名学生,可以用 g_0, g_1, …, g_{49} 代表 50 名学生的 C 语言成绩,其中 g 是数组名,右下角的数字称为下标,它代表数据在数组中的序号。由于在 C 语言中无法表达下标,因此引入了[ ]表示下标。可以用数组名 g 和下标来唯一确定数组中的元素,g[0]表示 g_0,即第 1 名学生的成绩,g[i-1]表示 g_{i-1},即第 i 名学生的成绩。数组 g 中各元素在内存中的存放形式如图 6-1 所示。

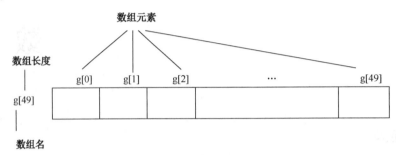

图 6-1 数组 g 中各元素在内存中的存放形式

数组是程序设计中最常用的数据结构,它从 0 开始计数,而不是从 1 开始计数。数组元素下标的个数也称为维数,根据数组下标的多少,数组可以分为一维数组、二维数组、三维数组等。通常情况下,将二维及以上的数组称为多维数组。将数组与循环结合起来,可以有效地处理大批量的数据。

区分数组到底属于几维数组的方法就是观察数组名后面有多少个[],例如,int a[10]属于一维数组,int a[10][10]属于二维数组,int a[10][10][10]属于三维数组。在利用 C 语言编写程序的过程中,很少用到三维及以上数组,某些特定程序开发除外。在第 7 章中将学习函数,切记,C 语言函数的返回类型不能是数组类型。

6.2 一维数组

6.2.1 一维数组的定义与初始化

使用一个下标表示数组元素的一维数组,它用来表示一组类型相同的数据。在 C 语言中,一维数组的定义格式如下。

```
类型说明符  数组名[常量表达式];
```

其中,类型说明符表示数组元素的数据类型,常量表达式指的是数组的长度,也就是数组中存放元素的个数。常量表达式中可以包括常量和用#define 进行定义的符号常量,不能包含变量,具有 const 属性的变量也无法包含。

下面给出正确的一维数组的定义方式:

```
int a[10];              //下标是常量
```

上述语句表示定义一个整型数组,数组名为 a,此数组中有 10 个元素。

```
#define NUM 10
int b[NUM];                    //下标是字符常量
```

上述语句表示先用#define定义数组元素的个数,再定义一个整型数组,数组名为b,此数组有10个元素。

```
int c[2+3];                    //2+3是常量表达式
```

上述语句表示定义一个整型数组,数组名为c,此数组有5个元素。

下面给出错误的一维数组定义方式:

```
int n=10;
int a[n];                      //数组元素的个数不能是变量
int b[0];                      //数组元素的个数必须大于0
const int NUM=10;
int c[NUM];                    //数组元素的个数不能是具有const属性的变量
    int d[1.0];                //数组元素的个数不是整型
int e(10);                     //不能用圆括号定义数组
int f{10};                     //不能用花括号定义数组
```

如果需要在一条语句中定义多个相同类型的一维数组变量,则相邻的变量之间用逗号分开。例如:

```
int a[10],b[10];               //等价于 int a[10]; int b[10];
```

在完成数组定义之后,系统会为数组分配一片连续的内存空间,数组元素按数组下标从小到大连续存放。数组名代表数组起始地址(首地址),每个数组元素字节数相同,因此,根据数组元素序号可以求得数组各元素在内存中的地址,并可对数组元素进行随机存取。

在C语言中,地址是以字节为单位进行计数的,但每个数组元素占用的内存大小不一定就是一个字节。虽然数组元素在内存中是连续的,但是相邻数组元素之间地址不一定相差1个字节。数组元素地址的计算公式如下。

数组元素的地址=数组首地址+数组元素下标*sizeof(数据类型)

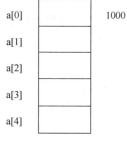

图 6-2 数组 a 存储示意图

例如,定义了数组 int a[5],数组 a 的首地址为 1000,求 a[1] 和 a[2] 的地址。数组 a 存储示意图如 6-2 所示。

```
sizeof(int)=4
a[0]的地址=1000+0*4=1000
a[1]的地址=1000+1*4=1004
a[2]的地址=1000+2*4=1008
a[2]的地址比 a[1]的地址大 4 个字节。
```

可以发现 a[0] 的地址和数组 a 的首地址是一样的,其实数组 a 本来的面目应该是 a+0,即取得第一个元素的内容,也就是 a[0],但 0 通常省略,所以 a 代表的应该是第一个(下标为 0)元素的地址。

还可以通过 sizeof 运算符获取数组变量占用的内存空间大小、数组元素占用的内存空间大小及数组元素的个数。例如:

```
int a[5];
```

```
        printf("sizeof(a)=%d\n",sizeof(a));
        printf("sizeof(a[0])=%d\n",sizeof(a[0]));
        printf("sizeof(int)=%d\n",sizeof(int));
        printf("sizeof(a)/sizeof(a[0])=%d\n",sizeof(a)/sizeof(a[0]));
        printf("sizeof(a)/sizeof(int)=%d\n",sizeof(a)/sizeof(int));
```

其运行结果如下。

```
sizeof(a)=20
sizeof(a[0])=4
sizeof(int)=4
sizeof(a)/sizeof(a[0])=5
sizeof(a)/sizeof(int)=5
```

通过上述给定的格式完成一维数组的定义后,编译程序会为数组开辟连续的内存空间,用来顺序存放数组的各元素。对数组元素进行初始化时,常用的方法有以下 4 种。

(1) 在定义数组时对数组元素赋值。例如:

```
        int a[5]={1,2,3,4,5};
```

上述代码定义了一个长度为 5 的数组 a,并把初值 1、2、3、4、5 依次赋值给 a[0]、a[1]、a[2]、a[3]、a[4]。其相当于执行如下语句:

```
        int a[5]; a[0]=1; a[1]=2; a[2]=3; a[3]=4; a[4]=5;
```

初始化的数据个数不能超过数组元素的个数,否则会出错。例如:

```
        int a[4]={1,2,3,4,5};           //这是错误的
```

(2) 对数组的部分元素赋初值。例如:

```
        int a[5]={1,2,3};
```

上述代码定义整型数组 a 有 5 个元素,但在初始化时,只对数组中的前 3 个元素进行赋初值,后面 2 个元素值会被默认设置为 0。

(3) 当对全部数组元素赋初值时,由于数组的个数已经确定,因此可不指定数组长度。例如:

```
        int a[ ]={1,2,3,4,5};           //等价于 int a[5]={1,2,3,4,5};
```

上述代码数组 a 的元素有 5 个,由于数组元素的个数在定义时省略,因此系统会根据初值的个数来自动确定数组元素的个数。

(4) 由于数组的元素不能自动初始化,要想一个数组中全部元素的值为 0,可使用以下类似代码:

```
        int a[5]={0};                   //等价于 int a[5]={0,0,0,0,0};
```

上述代码将数组 a 的 5 个元素都赋初值为 0。

看到这里,有些读者可能会产生一些疑惑:在定义数组的同时对数组中各元素指定初值,和使用赋值语句或输入语句给数组元素指定初值有什么不同呢?其区别就是,前者初始化是在编译阶段完成的,后者是在运行时完成的。

6.2.2 一维数组的引用

在编写程序过程中,经常需要访问数组中的元素。数组元素在使用上类似于变量,可

以获取数组元素的值或者给数组元素赋值。数组必须先定义后使用，C 语言规定只能逐个引用数组元素而不能一次引用整个数组。

数组元素的表示格式如下。

```
数组名[ 下标 ];
```

其中，下标必须是大于 0 的整数、整型变量或整型表达式，下标从 0 开始到数组长度减 1 结束。假设数组的长度为 10，那么下标为 0~9。如果数组元素下标的值不在有效范围内，则称为数组元素下标越界。而在 C 语言中，编译和运行不会去检查数组元素下标是否越界，因此，开发人员在编写程序时应当保证不要出现数组元素下标越界情况，否则会出现一些不可预期的错误。

下面给出数组元素的使用示例。

```
int a[5];              //定义一个长度为 5 的整型数组
a[0]=5;                //引用 a 数组中下标为 0 的元素
a[1]=10;               //引用 a 数组中下标为 1 的元素，此时 1 不代表数组长度
a[2]=a[0]+a[1];        //下标是整型常量
a[1+2]=30;             //下标是整型表达式
a[3.0]=10;             //错误的写法，浮点数不能作为数组元素的下标
```

【例 6.1】一维数组的遍历。

编程思路：假设数组有 n 个元素，在定义数组时初始化数组各元素的值，从下标为 0 开始到下标为 n-1 结束，循环输出数组中各元素的值。

程序代码如下。

```
#include <stdio.h>
#include <stdlib.h>
int main(int argc, char *argv[]) {
    //定义一个整型数组 a，依次给 5 个数组元素赋初值
    int a[5]={1,2,3,4,5};
    //定义一个变量，用来记录数组元素的下标
    int i;
    //使用 for 循环遍历数组 a 中的各个元素
    for(i=0;i<5;i++)  { printf("%d ",a[i] ); }
    printf("\n");
    return 0;
}
```

程序运行结果如图 6-3 所示。

图 6-3 例 6.1 程序运行结果

【例 6.2】从键盘上输入 5 个数，并逆序输出。

编程思路：首先，定义一个长度为 n 的数组；其次，使用循环语句来接收用户通过键盘输入的对数组元素的赋值或者对某数组元素进行有规律的赋值；最后，从下标 n-1 开始到下标 0 结束，循环输出数组中各元素的值。但要注意不能用 scanf 函数对数组进行所谓的

"整体输入"。

程序代码如下。

```
#include <stdio.h>
#include <stdlib.h>
int main(int argc, char *argv[]) {
    //定义一个整型数组a,长度为5
    int a[5],i;                                    // 此语句等价于int a[5]; int i;
    printf("请输入数组元素:");
    for(i=0;i<5;i++) { scanf("%d",&a[i]); }    //循环输入数组中各元素的值
    for(i=4;i>=0;i--) { printf("%d ",a[i]); }//循环逆序输出数组中各元素的值
    printf("\n");
    return 0;
}
```

程序运行结果如图6-4所示(假设输入的值为"2 3 4 1 5")。

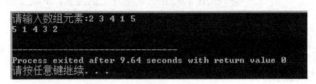

图6-4 例6.2程序运行结果

上述代码的运行结果仅供参考,因为程序使a[0]~a[4]的值为编程人员动态从屏幕终端输入的值。另外,数组元素的值其实是可以改变的,但是数组的元素个数必须在数组定义时指定,且不能改变;数组元素的类型必须是相同的,不允许混合。

6.2.3 一维数组示例

【例6.3】从键盘上输入5个数字,输出最大值、最小值及其下标。

编程思路:首先,定义一个长度为n的数组a;其次,使用循环语句来接收用户从键盘上输入的对数组元素的赋值。假定数组的第一个元素作为最大值、最小值的初始值,用最大值和最小值依次与数组剩余的n-1个元素进行比较。如果数组元素a[i]小于最小值,那么将最小值更改为a[i],否则继续判断a[i]是否大于最大值,如果大于最大值,则将最大值更改为a[i]。

程序代码如下。

```
#include <stdio.h>
#include <stdlib.h>
int main(int argc, char *argv[]) {
    //i为循环变量,j为最小值下标,k为最大值下标
    //min为最小值,max为最大值
    int i,j,k,min,max;
    //定义一个整型数组a,存放从键盘上输入的5个数字
    int a[5];
    printf("请输入5个数:");
    //循环从键盘上输入数组中各元素的值
    for(i=0;i<5;i++) {  scanf("%d",&a[i]);  }
```

```
        //假设数组第一个数既是最大值，又是最小值
        max=min=a[0];
        //初始化最大值、最小值的下标
        j=k=0;
        for(i=1;i<5;i++) {
            if(min>a[i]) {
                min=a[i];
                j=i;
            } else if(max<a[i]) {
                max=a[i];
                k=i;
            }
        }
        printf("最小值 min:a[%d]=%d,最大值 max:a[%d]=%d\n",j,min,k,max);
        return 0;
    }
```

程序运行结果如图 6-5 所示（假设输入的值为"5 6 23 56 89"）。

```
请输入5个数:5 6 23 56 89
最小值min:a[0]=5,最大值max:a[4]=89
--------------------------------
Process exited after 8.791 seconds with return value 0
请按任意键继续. . .
```

图 6-5　例 6.3 程序运行结果

【例 6.4】使用选择排序法对 10 个数按从小到大的程序排列。

编程思路： 排序的规律有两种，即升序，从小到大；降序，从大到小。通常会将其抽象成一般形式，即对 n 个数按升序或降序排序。排序的方法有多种，本例使用的是选择排序法，假设定义一个长度为 n 的数组 a，下面来看选择排序法的基本思路。

第 1 趟：在待排序记录 a[0]～a[n-1]中选出最小的记录，将它与 a[0]交换。

第 2 趟：在待排序记录 a[1]～a[n-2]中选出最小的记录，将它与 a[1]交换。

第 i 趟：在待排序记录 a[i-1]～a[n-1]中选出最小的记录，将它与 a[i-1]交换，使有序序列不断增长直到全部排序完毕。

例如，[49 27 65 97 76 12 38]的排序过程如下。

//7 个数中的最小数是 12，与第 1 个数 49 交换

第 1 趟：12 [27 65 97 76 49 38]

//6 个数中的最小数是 27，不动

第 2 趟：12 27 [65 97 76 49 38]

//5 个数中的最小数是 38，与第 3 个数 65 交换

第 3 趟：12 27 38 [97 76 49 65]

//4 个数中的最小数是 49，与第 4 个数 97 交换

第 4 趟：12 27 38 49 [76 97 65]

//3 个数中的最小数是 65，与第 5 个数 76 交换

第 5 趟：12 27 38 49 65 [97 76]

//2 个数中的最小数是 76，与第 6 个数 97 交换

第 6 趟：12 27 38 49 65 76 97

程序代码如下。

```c
#include <stdio.h>
#include <stdlib.h>
int main(int argc, char *argv[]) {
    int a[10],i,j,k;
    //数据交换时的临时变量
    int temp;
    printf("请输入10个数进行升序排序:");
    //循环从键盘上输入数组中各元素的值
    for(i=0;i<10;i++) {
        scanf("%d",&a[i]);
    }
    //选择排序法，外循环指定需要进行多少趟排序
    for(i=0;i<9;i++) {
        k=i;   //每进行一趟排序，就将k作为当前最小数的下标
        //内循环，在剩余的9-i个数中查找比a[k]小的数的下标并放入k
        for(j=i+1;j<10;j++) {
            if(a[k]>a[j]) {      //存在比a[k]小的数a[j]
                k=j;             //更改最小数的下标
            }
        }
        //如果最小数的下标有更改，则将最小数a[k]与a[i]交换
        if(k!=i) {
            temp=a[i];
            a[i]=a[k];
            a[k]=temp;
        }
    }
    printf("排序后的结果:");
    for(i=0;i<10;i++) {
        printf("%d ",a[i]);
    }
    printf("\n");
    return 0;
}
```

程序运行结果如图 6-6 所示（假设输入的值为 "9 8 7 6 5 4 3 2 1 22"）。

图 6-6　例 6.4 程序运行结果

6.3 二维数组及多维数组

6.3.1 二维数组的定义与初始化

在实际问题中有时需要使用二维数组来处理。例如，保存 10 名学生 C 语言课程的成绩，可以定义一个长度为 10 的一维数组进行保存，但是如果要求保存 10 名学生多门课程的成绩呢？这就需要使用二维数组。什么是二维数组呢？若一个一维数组的每一个元素也是类型相同的一维数组时，便构成了二维数组。数组的维数是指数组的下标个数，一维数组元素只有一个下标，二维数组元素有两个下标。

在 C 语言中，二维数组定义的一般格式如下。

类型说明符　数组名[常量表达式1][常量表达式2]；

其中，常量表达式 1 是第一维下标的长度，亦称行下标；常量表达式 2 是第二维下标的长度，亦称列下标。

例如，定义一个 3 行 4 列的数组 int a[3][4]，可以把 a 看作一个一维数组，它有 3 个元素 a[0]、a[1]、a[2]，每个元素又是包含 4 个元素的一维数组，二维数组 a 共包含 3×4=12 个元素，如图 6-7 所示。

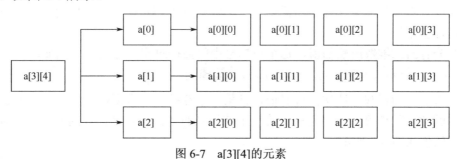

图 6-7　a[3][4]的元素

下面给出正确的二维数组定义方式。

```
int a[5][4]; //下标是整型常量，a 是 5 行 4 列共 20 个元素的整型二维数组
float b[2+1][2*2-1]; //下标是整型表达式，b 是 3 行 3 列共 9 个元素的实型二维数组
#define M 10
#define N 10
int c[M][N];//下标是用 define 定义的符号常量，c 是 10 行 10 列共 100 个元素的二维数组
```

下面给出错误的二维数组定义方式。

```
float a[3,4];       //C 语言用[]表示下标，想表达多个下标则写多个[]即可
int i=5,j=5;
int b[i][j];        //下标不能是变量
const M 10;
int c[5][M];        //下标不能是用 const 定义的变量
```

二维数组一旦定义好，系统会为数组在内存中开辟一片连续的内存空间，将二维数组元素按行的顺序存储到相应的内存区域中。假设定义一个 3 行 2 列的二维数组 float b[3][2]，

系统会在内存中先顺序存放第一行的 2 个元素,再存放第二行的 2 个元素,以此类推,直至数组 b 的各元素顺序存放完成为止。假设这里定义的数组 b 的首地址是 2000,每个数组元素都是 int 类型,占据 4 字节的内存单元,则数组 b 的存储结构如图 6-8 所示。

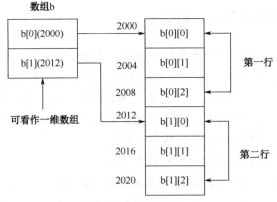

图 6-8 数组 b 的存储结构

二维数组变量名是数组所占内存空间的首地址,如这里定义的二维数组 b 的值就是 2000,与 b[0]的值相同。二维数组元素的地址计算公式如下。

二维数组元素的地址=数组首地址+ (行下标*第二维大小+列下标)*sizeof(数据类型)

在完成二维数组的定义之后,需要对二维数组进行初始化,可以使用下面的方法对二维数组进行初始化。

(1)分行给二维数组赋初值,每个花括号中的数据对应一行元素。例如:

```
int a[3][3]={{1,2,3},{4,5,6},{7,8,9}};
```

这种方式较为直观,依次按行赋值,把第一个花括号的数据赋给第一行的元素,第二个花括号的数据赋给第二行的元素,第三个花括号的数据赋给第三行的元素。二维数组 a 中各元素的值如图 6-9 所示。

1	2	3	4	5	6	7	8	9
a[0][0]	a[0][1]	a[0][2]	a[1][0]	a[1][1]	a[1][2]	a[2][0]	a[2][1]	a[2][2]

图 6-9 二维数组 a 中各元素的值

(2)将所有初值写在一个花括号中,顺序给各元素赋值。例如:

```
int a[3][3]={1,2,3,4,5,6,7,8,9};
```

在上述代码中,二维数组 a 共有 3 行,每行有 3 个元素,其中第一行的元素依次为 1、2、3,第二行的元素依次为 4、5、6,第三行的元素依次为 7、8、9。这种方法适用于数组元素较少的情况,一旦数组元素过多,就很容易出现遗漏,可读性相对差一点。

(3)只对部分元素赋值,没有初值对应的元素赋 0 或空字符。例如:

```
int a[3][3]={{1,2},{3},{4,5,6}};
```

上述代码只为 3 行 3 列的二维数组 a 中的部分元素赋值,对于未赋初值的数组元素,系统会自动赋值为 0。数组 a 中各元素的存储方式如图 6-10 所示。

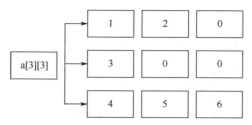

图 6-10 数组 a 中各元素的存储方式

（4）给全部元素赋初值或分行进行初始化时，可不指定第一维的大小，系统可根据初值数目与列数（第二维）自动确定其大小，但必须指定第二维的大小。例如：

```
int a[][3]={1,2,3,4,5,6}
```

数组 a 共有 6 个元素，每行 3 列，显然可以确定行数（第一维）为 2。数组 a 中各元素的值如图 6-11 所示。

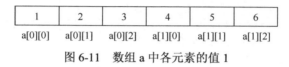

图 6-11 数组 a 中各元素的值 1

```
int a[][3]={{1},{2,3},{4,5,6}}
```

数组 a 采用分行赋值的方式，每一行的元素由花括号中的数据进行赋值，共有 3 个花括号，因此第一维大小是 3。数组 a 中各元素的值如图 6-12 所示。

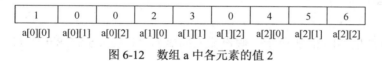

图 6-12 数组 a 中各元素的值 2

6.3.2 二维数组的引用

二维数组元素的引用格式如下。

```
数组名[下标1][下标2];
```

其中，下标 1 为第一维下标（行），下标 2 为第二维下标（列）。有效下标范围是从 0 开始到小于数组定义中的常量表达式 1 与常量表达式 2 为止。下标一旦不在有效范围内，便会出现数组越界情况，引起不可预期的错误。

在二维数组中，每一个元素都可以作为一个变量来使用。一个元素的位置是由行列下标决定的。例如，定义一个 3 行 3 列的二维数组 float a[3][3]，它的 9 个元素分别如下所示。

第 0 行：a[0][0]、a[0][1]、a[0][2]。
第 1 行：a[1][0]、a[1][1]、a[1][2]。
第 2 行：a[2][0]、a[2][1]、a[2][2]。

【例 6.5】二维数组的输入输出。

编程思路：C 语言规定不能直接对整体的数组进行引用，必须逐一对数组中的各元素进行引用。而对二维数组的输入输出多使用两重循环结构来实现。外循环处理各行，循环控制变量 i 作为数组元素的第一维下标；内循环处理一行的各列元素，循环控制变量 j 作为元素的第二维下标。

程序代码如下。

```c
#include <stdio.h>
#include <stdlib.h>
int main(int argc, char *argv[]) {
    //定义一个3行4列的数组a
    //定义变量i、j，用于控制第一维、第二维的下标
    int a[3][4],i,j;
    printf("请输入二维数组各元素的值:");
    for(i=0;i<3;i++) {           //外循环，控制行
        for(j=0;j<4;j++) {       //内循环，控制列
            scanf("%d",&a[i][j]);
        }
    }
    printf("输出二维数组各元素的值:\n");
    for(i=0;i<3;i++) {
        for(j=0;j<4;j++) {
            //每一行中的各列元素之间以制表符分开
            printf("%d\t",a[i][j]);
        }
        printf("\n");            //每输出一行元素即换行
    }
    printf("\n");
    return 0;
}
```

程序运行结果如图 6-13 所示（假设输入的值为"1 2 3 4 5 6 7 8 9 10 11 12"）。

图 6-13　例 6.5 程序运行结果

6.3.3　二维数组示例

【例 6.6】 用图 6-14 所示的 3×3 矩阵初始化数组 a[3][3]，求矩阵的转置矩阵。

编程思路：转置矩阵是将原矩阵元素按行列互换形成的矩阵，沿着主对角线将对称位置元素互换即可。首先，定义一个与初始化数组 a 行列一致的二维数组 b；其次，使用变量 i、j 分别控制数组的行、列下标，转置后的数组 b 中各元素的值为 b[j][i]=a[i][j]。

图 6-14　矩阵的转置

程序代码如下。

```c
#include <stdio.h>
#include <stdlib.h>
int main(int argc, char *argv[]) {
    //给全部元素赋初值
    int a[3][3]={1,2,3,4,5,6,7,8,9};
    //定义两个变量i、j, 用于控制二维数组的行和列下标
    int i,j;
    //定义行列互换后的数组
    int b[3][3];
    for(i=0;i<3;i++) {           //外循环, 控制行下标
        for(j=0;j<3;j++) {       //内循环, 控制列下标
            //转置矩阵: 将数组的行下标与列下标进行互换
            //数组b中各元素的值是由数组a的元素赋值而成的
            b[j][i]=a[i][j];
        }
    }
    printf("转置矩阵如下:\n");
    for(i=0;i<3;i++) {
        for(j=0;j<3;j++) {
            printf("%d\t",b[i][j]);
        }
        printf("\n");
    }
    printf("\n");
    return 0;
}
```

程序运行结果如图6-15所示。

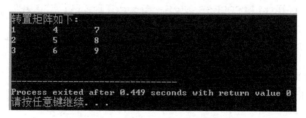

图6-15 例6.6程序运行结果

【例6.7】输入多名学生多门课程的成绩,分别求出每名学生的平均成绩和每门课程的平均成绩。

编程思路:定义一个二维数组来存放学生的各门课程的成绩。数组的每一行表示每名学生各门课程的成绩及其平均成绩,每一列表示某门课程的所有学生的成绩及其该课程的平均成绩。因此,在定义学生成绩的二维数组时,行数和列数都要比学生人数及课程多1。平均成绩可能涉及小数,这里规定只保留1位小数。多名学生多门课程成绩的数组存储结构如图6-16所示。

	C语言	SQL Server 数据库	高等数学	大学英语	学生平均成绩
张三	81	76	90	56	75.6
李四	86	87	54	77	76
王五	87	89	76	66	79.5
每门课程平均成绩	84.7	84	73.3	66.3	

图 6-16 多名学生多门课程成绩的数组存储结构

程序代码如下。

```c
#include <stdio.h>
#include <stdlib.h>
#define STU_NUM 3          //定义符号常量学生人数
#define COURSE_NUM 3       //定义符号常量课程门数
int main(int argc, char *argv[]) {
    //定义一个二维数组来存放各门课程的成绩和平均成绩
    //额外开辟一行和一列,分别用来存放每门课程的平均成绩和每名学生的平均成绩
    float grade[STU_NUM+1][COURSE_NUM+1]={0};
    int i,j;        //定义变量i、j来控制数组的行、列下标
    for(i=0;i<STU_NUM;i++) {                    //外循环,控制有多少名学生
        for(j=0;j<COURSE_NUM;j++) {             //内循环,控制每名学生有几门课程需统计
            printf("输入第%d位学生的第%d门课程成绩:",i+1,j+1);
            scanf("%f",&grade[i][j]);
        }
    }
    for(i=0;i<STU_NUM;i++) {
        for(j=0;j<COURSE_NUM;j++) {
            //求第i名学生的总成绩
            grade[i][COURSE_NUM]+=grade[i][j];
            //求第j门课程的总成绩
            grade[STU_NUM][j]+=grade[i][j];
        }
        //求第i名学生的所有课程的平均成绩
        grade[i][COURSE_NUM]/=COURSE_NUM;
    }
    for(j=0;j<COURSE_NUM;j++) {
        //求第j门课程的所有学生的平均成绩
        grade[STU_NUM][j]/=STU_NUM;
    }
    //输出每名学生的各门课程成绩和所有课程的平均成绩
    printf("NO    C1    C2    C3    AVG\n");
    for(i=0;i<STU_NUM;i++) {
        printf("%d\t",i+1);
        for(j=0;j<COURSE_NUM+1;j++) {
            printf("%4.1f\t",grade[i][j]);
        }
        printf("\n");
```

```
    }
    //输出每门课程的所有学生的平均成绩
    printf("AVG\t");
    for(j=0;j<COURSE_NUM;j++) {
        printf("%4.1f\t",grade[STU_NUM][j]);
    }
    printf("\n");
    return 0;
}
```

程序运行结果如图 6-17 所示。

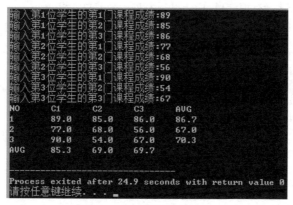

图 6-17 例 6.7 程序运行结果

【例 6.8】使用二维数组，输出 6 行 6 列的杨辉三角。

编程思路：杨辉三角是一个下三角形式，它的第一列和对角线上的值都是 1，其他的值为上一行前一列的数与上一行同一列的数之和。定义一个二维数组 a，用变量 i、j 分别控制数组的行、列下标，通过分析杨辉三角的特性，可知 a[i][0]=1、a[i][i]=1，其他的值为 a[i][j]=a[i-1][j-1]+a[i-1]a[j]。杨辉三角中各元素的计算方法如图 6-18 所示。

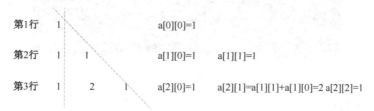

图 6-18 杨辉三角中各元素的计算方法

程序代码如下。

```
#include <stdio.h>
#include <stdlib.h>
#define N 6
int main(int argc, char *argv[]) {
    //定义一个二维数组，用于存放杨辉三角格式的元素值
    int a[N][N]={0};
    int i,j;
```

```
        //杨辉三角是一个下三角形式,它的第一列和对角线上的值都是1
        //处于对角线的元素的特性是行、列下标相同
        for(i=0;i<N;i++) {
            a[i][0]=1;
            a[i][i]=1;
        }
        //从第2行开始
        for(i=2;i<N;i++) {
            //从每行的第2列开始计算各元素的值
            for(j=1;j<i;j++) {
                //上一行前一列的数与上一行同一列的数之和
                a[i][j]=a[i-1][j]+a[i-1][j-1];
            }
        }
        for(i=0;i<N;i++) {
            for(j=0;j<=i;j++) {
                printf("%d\t",a[i][j]);
            }
            printf("\n");
        }
        printf("\n");
        return 0;
    }
```

程序运行结果如图6-19所示。

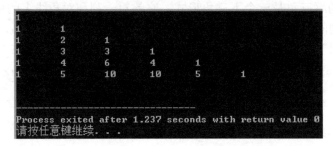

图6-19 例6.8程序运行结果

6.3.4 多维数组

在C语言中,多维数组定义的一般格式如下。

类型说明符 数组名[常量表达式1][常量表达式2]…[常量表达式n];

其中,n个常量表达式为n维数组,常量表达式的数据类型可以是整型常量或整型表达式。例如:

int a[2][3][4];

以上代码表示定义了一个2×3×4共24个元素的三维数组a,每个元素均为整型,数组a相当于24个整型变量。多维数组元素在内存中排序时,靠右的维数先变,并依次向左

变化。三维数组 a 中各元素在内存中的存放形式如图 6-20 所示。

a[0][0][0]	a[0][0][1]	a[0][0][2]	a[0][0][3]
a[0][1][0]	a[0][1][1]	a[0][1][2]	a[0][1][3]
a[0][2][0]	a[0][2][1]	a[0][2][2]	a[0][2][3]
a[1][0][0]	a[1][0][1]	a[1][0][2]	a[0][0][3]
a[1][1][0]	a[1][1][1]	a[1][1][2]	a[0][1][3]
a[1][2][0]	a[1][2][1]	a[1][2][2]	a[1][2][3]

图 6-20　三维数组 a 中各元素在内存中的存放形式

访问多维数组的元素也可以通过数组变量名、中括号和数组元素的下标来实现。其引用格式如下：

数组名[下标1][下标2]…[下标n];

其中，下标 1 为第一维下标，下标 2 为第二维下标，以此类推，下标 n 为第 n 维下标。有效下标范围从 0 开始到小于数组定义中的常量表达式为止。

6.4　字符数组与字符串

6.4.1　字符数组的定义与初始化

用于存放字符型数据的数组称为字符数组。在 C 语言中，字符数组中的一个元素只能存放一个字符。字符数组的定义与前面介绍的数组定义类似，它的一般格式如下。

char 数组名[常量表达式];

多维字符数组的定义格式与前面介绍的多维数组定义类似，这里不再赘述。例如：

char str[10];

上述代码表示定义一个包含 10 个字符型元素的数组 str，每个元素相当于一个字符变量。

char str[5][5];

上述代码表示定义一个包含 5 行 5 列共 25 个字符型元素的数组 str。

字符数组的初始化，最容易理解的一种方式就是将字符常量以逗号分隔写在花括号中，逐个字符赋给数组中的各元素。例如：

char str[10]={'H','E','L','L','O','W','O','R','L','D'};

上述代码表示字符数组在定义时完成初始化，把 10 个字符分别赋值给 str[0]~str[9] 这10 个元素。字符数组 str 中各元素的存放形式如图 6-21 所示。

H	E	L	L	O	W	O	R	L	D
str[0]	str[1]	str[2]	str[3]	str[4]	str[5]	str[6]	str[7]	str[8]	str[9]

图 6-21　字符数组 str 中各元素的存放形式 1

当在对字符数组全部元素指定初值时，可以省略数组长度。上述代码等价于：

```
char str[]={'H','E','L','L','O','W','O','R','L','D'};
```

如果花括号中提供的字符个数大于数组长度，则按语法错误处理；若小于数组长度，则只将花括号中的字符常量依次赋值给字符数组中前面的那些元素，其余的元素默认赋值为空字符（即'\0'）。例如：

```
char str[5]={'L','O','V','E'};
```

上述代码定义了一个长度为 5 的字符数组 str，花括号中提供的字符个数为 4，小于字符数组长度，故 str[5]会自动设为空字符，即 a[5]='\0'。字符数组 str 中各元素的存放形式如图 6-22 所示。

L	O	V	E	\0
str[0]	str[1]	str[2]	str[3]	str[4]

图 6-22　字符数组 str 中各元素的存放形式 2

6.4.2　字符数组的引用

字符数组的引用格式如下。

```
数组名[下标];
```

可以单个引用字符数组元素，得到一个字符，也可以将字符数组作为字符串来使用。

【例 6.9】 从键盘上输入一个字符串，并输出到终端屏幕上。

编程思路：字符型数据的输入输出有两种方式，一种是采用字符数据输入输出函数 putchar 和 getchar，另一种是采用格式化输入输出函数 printf 和 scanf。首先，定义一个长度为 20 的字符数组 str；其次采用 scanf 和 printf 格式化函数循环输入输出数组 str 中的所有元素。当然，也可以采用 putchar 和 getchar 函数来实现字符数据的输入输出。

程序代码如下。

```c
#include <stdio.h>
#include <stdlib.h>
int main(int argc, char *argv[]) {
    char str[20];            //定义一个长度为 20 的字符数组 str
    int i;                   //定义一个变量 i，用于控制循环
    printf("请输入字符串:");
    for(i=0;i<20;i++) {      //循环输入指定长度的字符串"Welcome to C Program"
        scanf("%c",&str[i]); //格式化输入函数 scanf，以%c 格式化输入字符
    }
    printf("输出字符串:");
    for(i=0;i<20;i++) {      //循环输出字符数组中的各元素
        printf("%c",str[i]); //格式化输出函数 printf，以%c 格式化输出字符
    }
    printf("\n");
    return 0;
}
```

程序运行结果如图 6-23 所示。

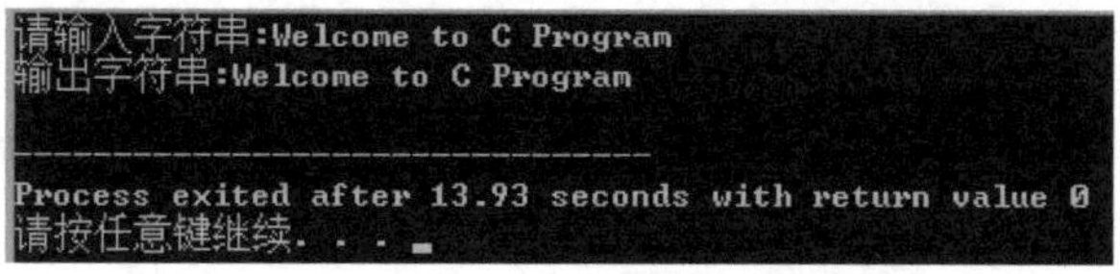

图 6-23 例 6.9 程序运行结果

6.4.3 字符串

C 语言的字符串是用双引号括起来的若干有效字符的序列，字符串可以包含字母、数字、符号、转义字符。例如，"hello world!"、"C program"。C 语言中没有专门的字符串类型，通常用一个字符数组来存放一个字符串，这也说明字符串的本质是一个字符型数组。

由于数组必须先定义后使用，有时候虽然定义了一个长度为 50 的字符数组，但是会发现其实有效的字符只有 20 个。所以，在实际的应用中，人们关心的往往是字符串的长度而不是字符数组定义的长度。为了计算字符串的实际长度，C 语言规定用字符'\0'代表一个字符串的结束。在程序中一般依靠检测'\0'的位置来判断字符串是否结束，而不是根据字符数组的长度来决定字符串的长度。一旦检测到'\0'，就将'\0'之前的字符总个数视为字符串的长度。例如，给定一个字符串 s，前面 20 个字符都不是空字符'\0'，而第 21 个字符是'\0'，那么字符串 s 的长度为 20。

字符串在计算机中是依次按字符串各个字符的 ASCII 码进行存储的，且在尾部存储 ASCII 码为 0 的字符。例如，"China"共有 5 个字符，但在内存中占 6 个字节，最后一个字节'\0'是系统自动加上的，这个结尾的字符'\0'唯一的作用就是标识字符串的结束。"China"在内存中的存放形式如图 6-24 所示。

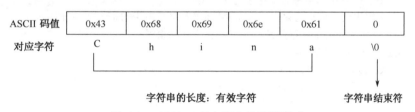

图 6-24 "China"在内存中的存放形式

通过前面的介绍，不难发现字符串其实就是一个以空字符'\0'结尾的字符数组。回顾字符数组的初始化方法，除逐个字符赋给数组中各元素的方式外，还可以直接使用一个字符串常量来对字符数组进行初始化。例如：

```
char str[]={"hello"};        //数组大小是 6
```

双引号之间的"hello"是一个字符串常量，由于系统会在字符串常量的最后自动加上一个结束标志'\0'，因此字符数组 str 的长度为 6，系统将双引号括起来的 5 个字符依次赋值给字符数组中的各个元素，并且自动在末尾补上 1 个字符串结束标志'\0'。上述的初始化语句等价于：

```
char str[]={'h','e','l','l','o','\0'};
```

也可以直接省略花括号，即：

```
char str[]="hello";
```

但其不等价于：

```
char str[]={'h','e','l','l','o'};        //数组大小为5，不是字符串
```

因为前者的长度为 6，后者的长度为 5。

字符串常量只能在定义字符数组变量时初始化赋值给字符数组变量，而不能将一个字符串常量直接赋给字符数组变量。下面给出错误的写法：

```
char str[10];
str="hello";
```

以上代码中，数组名 str 是地址常量，代表数组的首地址，常量是不可以被赋值的，其值不可改变，而"hello"的值是该字符串常量在内存中的地址，本身并不是字符序列。

【例 6.10】 利用字符串的结束标志输出字符串。

编程思路：定义一个字符数组 str，在定义数组时用字符串常量进行初始化，当然，也可以从键盘上输入字符串，再循环访问字符数组中的各元素，判断数组元素是否为结束标志(str[i]!='\0')，如果不是结束标志，则输出数组元素，否则跳出循环。

程序代码如下。

```c
#include <stdio.h>
#include <stdlib.h>
int main(int argc, char *argv[]) {
    //定义一个字符数组，并用字符串常量赋初值
    char str[]="hello world";
    //定义一个变量，并用于控制循环
    int i;
    printf("利用结束标志输出字符串:\n");
    /* 字符串的结束标志是'\0'，在循环读取字符串中的每一个字符时，
     * 一旦检测到某个字符是结束字符，就立即结束循环 */
    for(i=0;str[i]!='\0';i++) {
        printf("%c",str[i]);
        //其等价于这种写法:putchar(str[i]);
    }
    printf("\n");
    return 0;
}
```

程序运行结果如图 6-25 所示。

图 6-25　例 6.10 程序运行结果

6.4.4　字符串的输入输出

字符串的输入输出有两种方式：一种是逐个字符输入输出，使用格式符"%c"输入或输出一个字符，这种方式在输入时可接收空格或回车符，实际接收字符仅受长度限制，其在

输出时仅受长度限制；另一种是对整个字符串进行一次性输入或输出。下面列出整个字符串输入输出的方法。

1．字符串的输入

常用的输入字符串的函数有两个：scanf 函数和 gets 函数。

1）使用 scanf 函数输入字符串

scanf 函数的调用格式如下。

```
scanf("%s",字符数组变量名);
```

使用格式符"%s"可以将整个字符串一次性输入，与%s 对应的地址参数应该是一个字符数组。遇到空格符或回车符时停止接收字符串的输入，scanf 函数会自动在字符串后面加上结束标志符'\0'。例如：

```
char str[80];
scanf("%s",str);
```

由于数组变量名 str 代表的是字符数组的首地址，因此不能写成：

```
scanf("%s",&str);           //这是错误写法
```

使用 scanf 函数可以连续输入多个字符串，不同字符串之间以空格符分隔输入。例如：

```
char str1[80],str2[80],str3[80] ,str4[80];
scanf("%s%s%s%s",str1,str2,str3,str4);
```

若按以上方法输入"What is your name?"，则 str1 中的字符串是"What"，str2 中的字符串是"is"，str3 中的字符串是"your"，str4 中的字符串是"name?"。

2）使用 gets 函数输入字符串

gets 函数的调用格式如下。

```
gets(字符数组变量名);
```

gets 函数用于接收用户从键盘上输入的一行字符，将输入的字符串存放在字符数组中。gets 函数只能一次输入一个字符串，可接收字符串中的空格符和 Tab 字符。遇到回车符结束，但回车符'\n'不会作为有效字符存储到字符数组中，而是将其转换成字符串结束标志'\0'并存储。

例如：

```
char str[80]; gets(str);
```

用户在键盘终端只能输入不超过 79 个字符，当输入"My name is C!"时，str 中的字符串将是"My name is C!"。

使用 gets 函数来接收字符串时，是无法限制用户输入字符串的长度的。因此，用于接收字符串的字符数组定义时的长度应足够大，以便保存整个字符串和字符串结束标志。

使用 scanf 函数和 gets 函数输入字符串的区别如下。

（1）前者输入的字符串中不能包含空格字符，后者可以包含空格字符。

（2）前者可连续输入多个字符串，字符串之间以空格符分隔输入，后者一次只能输入一个字符串。

（3）前者在键盘上输入字符串时以空格符或回车符结束，后者遇到回车符即结束。

2. 字符串的输出

常用的输出字符串的函数有两个：printf 函数和 puts 函数。

1）使用 printf 函数输出字符串

使用 printf 函数输出字符串时，要用"%s"格式控制符，输出时从字符数组的第一个字符开始逐个输出，直到遇到第一个'\0'结束，结束符'\0'不会被输出。printf 函数中的%s 格式控制符所对应的地址参数是字符数组名，而不是数组元素名。

例如：

```
char str[]="I am Chinese"; printf("%s",str);
```

其运行结果如下。

```
I am Chinese
```

上述代码等价于：

```
char str[]="I am Chinese";
printf("%s",&str[0]);          //数组名代表数组的首地址
```

但不等价于：

```
printf("%s",str[0]);           //%s 表示格式化输出字符数组名而不是数组元素名
```

如果一个字符数组中包含一个以上的'\0'，则 printf 函数在遇到第一个'\0'时结束输出。例如：

```
char str[]={'h','e','\0','l','l','o','\0','\0'};
printf("%s",str);
```

其运行结果如下。

```
he
```

2）使用 puts 函数输出字符串

puts 函数的调用格式如下。

```
puts(字符串);
```

puts 函数用于将字符串中的所有字符输出到终端上，遇到'\0'才停止输出，输出时，会将字符串结束标志'\0'转换成换行符'\n'。puts 函数一次只能输出一个字符串。

例如：

```
char str[]="hello";
puts(str);
puts("world!");
```

其运行结果如下。

```
hello
world!
```

printf 函数和 puts 函数在输入字符串时的区别如下。

（1）前者可连续输出多个字符串，后者每次只能输出一个字符串。

（2）前者输出字符串后不自动换行，后者输出字符串时将字符串结束标志'\0'转换成换行符'\n'，自动换行，不必另加换行符'\n'。

【例 6.11】字符串输入输出函数的使用。

编程思路：本例用于演示字符串的输入输出函数是如何使用的。首先，定义字符数组，使用 scanf 或 gets 函数从键盘上读入用户输入的字符串；其次，借助 printf 或 puts 函数输出指定的字符数组或者字符串。这里需要注意一点：使用 gets 接收字符串输入前应该清空缓冲区，否则可能出现一些未知的错误。

程序代码如下。

```c
#include <stdio.h>
#include <stdlib.h>
int main(int argc, char *argv[]) {
    //定义字符数组
    char str1[40],str2[40];
    //使用 scanf 函数，以%s 格式化控制符，一个字符串的输入
    scanf("%s",str1);
    //printf 函数输出字符串后不自动换行
    printf("%s\n",str1);
    //使用 scanf 函数，以%s 格式化控制符，多个字符串的输入
    scanf("%s%s",str1,str2);
    printf("str1=%s,str2=%s\n",str1,str2);
    /*
    * 非格式化输入，字符和字符串的输入会受到前次输入缓冲区的影响
    * 因此，在使用 gets、getchar 等接收字符输入前，应该清空缓冲区
    */
    fflush(stdin);        //清空缓冲区
    //使用 gets 函数输入字符串
    gets(str1);           //参数:一定是字符数组变量名
    //使用 puts 函数输出字符串
    puts(str1);           //参数:字符串，可以是字符串常量，也可以是字符数组变量名
    return 0;
}
```

程序运行结果如图 6-26 所示。

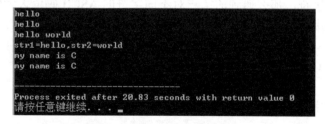

图 6-26　例 6.11 程序运行结果

6.4.5　常用的字符串处理函数

在 C 语言中，提供了一些专门处理字符串的库函数，包括比较函数、复制函数、连接函数等，这些函数的声明都位于头文件<string.h>。因此，在调用这些库函数时，需要使用#include <string.h>指令将头文件包含到文件中。下面介绍一些常用的字符串处理函数。

1. 求字符串的长度

求字符串长度的库函数是 strlen，其调用格式如下。

```
strlen(字符串);
```

其功能是返回字符串的实际长度，即字符串中包含的有效字符个数，不包括字符串结束标志'\0'。

例如：

```
char str[]="I am Chinese";                  //定义一个字符数组，用字符常量初始化赋值
int length1,length2;
length1=strlen(str);                        //调用 strlen 函数，传递字符数组变量名
length2=strlen("My name is C!");            //调用 strlen 函数，传递字符串常量
printf("length1=%d,length2=%d\n",length1,length2);
```

其运行结果如下。

```
length1=12,length2=13
```

2. 字符串的比较

两个字符串的比较不能直接使用>、<或==等关系运算符，而只能使用字符串比较函数来完成。常见的字符串比较函数有 strcmp、stricmp，下面分别介绍其用法。

（1）strcmp 函数的调用格式如下。

```
strcmp (字符串1,字符串2);
```

其功能是比较字符串 1 和字符串 2 的大小。如果字符串 1 大于字符串 2，则函数返回一个正整数；如果字符串 1 小于字符串 2，则函数返回一个负整数；如果两个字符串相同，则函数返回 0。

字符串的比较规则：两个字符串自左至右按逐个字符的 ASCII 码值的大小进行比较，直到出现不同的字符或遇到字符串结束标志'\0'为止。如果字符全部相同，则两个字符串相同；如果出现不同字符，那么遇到的第一对不同字符的 ASCII 码值大者较大。

比较两个字符串是否相同一般使用以下格式。

```
if(strcmp(str1,str2)==0) {…} //两个字符串相等，str1=str2
if(strcmp(str1,str2)>0) {…}  //字符串 1 大于字符串 2，str1>str2
if(strcmp(str1,str2)<0) {…}  //字符串 1 小于字符串 2，str1<str2
```

下列比较两个字符串的写法是错误的：

```
if(str1==str2) {…}
if(str1>str2) {…}
if(str1<str2) {…}
```

strcmp 函数的具体示例如表 6-1 所示。

表 6-1 strcmp 函数的具体示例

str1	str2	strcmp(str1,str2)返回值	备 注
"Abcd"	"abcd"	<0	比较第一个字符时，发现 A 的 ASCII 码值比 a 小
"abcd"	"abcd"	=0	两个字符串中所有字符的 ASCII 码值均相等
"hello"	"hell"	>0	比较到第 5 个字符时，发现 o 的 ASCII 码值比结束符\0 大

（2）stricmp 函数的调用格式如下。

```
stricmp(字符串1,字符串2);
```

stricmp 函数也用来比较字符串 1 和字符串 2 的大小,字符串比较的规则同 strcmp 函数相同。但它又与 strcmp 函数存在不同之处,前者比较两个字符串大小时不区分字母大小写,后者则区分字母大小写。

strcmp 函数的具体示例如表 6-2 所示。

表 6-2　strcmp 函数的具体示例

str1	str2	stricmp(str1,str2)返回值	备　　注
"world"	"world"	=0	两个字符串中所有字符的 ASCII 码值均相等
"WORLD"	"world"	=0	不区分字母大小写,并进行字符串比较
"12345"	"1234"	>0	比较到第 5 个字符时,发现 5 的 ASCII 码值比结束符\0 大
"cat"	"fat"	<0	比较到第 1 个字符时,发现 c 的 ASCII 码值比 f 小

3．字符串的复制

在 C 语言中,不能直接使用赋值语句来实现字符串的复制,而只能使用复制函数来实现。下面介绍常用的复制函数 strcpy。

strcpy 函数的调用格式如下。

```
strcpy(字符数组1,字符串2);
```

strcmp 函数用于将源字符串 2 中的所有字符复制到目标字符数组 1 中,连同字符串结束标志'\0'一起复制。调用 strcpy 函数时,必须保证字符数组 1 的长度不小于字符串 2 的长度。strcpy 函数的第一个参数必须写成字符数组名形式,第二个参数可以是字符串常量或字符数组名的形式。

例如:

```
char s1[10],s2[8]="student",s3[10];
strcpy(s1,s2);              //调用 strcpy 函数,第二个参数是字符数组名形式
strcpy(s3,"123456");        //调用 strcpy 函数,第二个参数是字符串常量形式
```

上述代码将 s2 中的"student"连同字符串结束符'\0'一起赋给 s1,将字符串常量"123456"赋给 s3,s2 的值保持不变。

切记,不能直接使用赋值运算符"="来实现字符串之间的赋值,例如:

```
s1=s2;
s3="123456";
```

上述写法均是错误的。

其运行结果如下。

```
s1=student, s3=123456
```

4．字符串的连接

如果想将两个字符串连接起来构成一个新的字符串,则可以调用 strcat 函数。其调用格式如下。

```
strcat(字符数组1,字符串2);
```

例如：

```
char s1[40]="LiLei and ",s2[]="HanMeiMei";
strcat(s1,s2);
printf("s1=%s\n",s1);
```

其运行结果如下。

```
s1=LiLei and HanMeiMei
```

【例 6.12】 从键盘上输入两个字符串，若其不相等，则将短的字符串连接到长的字符串的末尾并输出。

编程思路：定义两个字符数组 s1 和 s2，使用 gets 函数接收用户从键盘上输入的字符串，将其赋给 s1、s2，使用 strcmp 函数来比较字符串 s1 和 s2 的大小，如果两个字符串不相等，则使用 strlen 函数来比较两个字符串的长度，使用 strcat 连接函数将短的字符串到长的字符串的末尾，使用 puts 函数输出两个字符串连接的结果。

程序代码如下。

```
#include <stdio.h>
#include <stdlib.h>
#include <string.h>
int main(int argc, char *argv[]) {
    char s1[80],s2[80];          //定义字符数组
    int len1,len2;               //定义变量，用来获取字符串的长度
    gets(s1);                    //接收用户从键盘上输入的字符串并赋值给s1
    gets(s2);                    //接收用户从键盘上输入的字符串并赋值给s2
    len1=strlen(s1);             //获取字符串 s1 的长度
    len2=strlen(s2);             //获取字符串 s2 的长度
    if(strcmp(s1,s2)!=0) {       /*比较字符串 1 和字符串 2 的大小，若不相等则继续下面的操作*/
        if(len1>=len2) {         //判断两个字符串的长度
            strcat(s1,s2);       //字符串 1 的长度大于或等于字符串 2 的长度
            puts(s1);            //puts 输出字符串 1
        } else {
            strcat(s2,s1);       //字符串 1 的长度小于字符串 2 的长度
            puts(s2);            //puts 输出字符串 2
        }
    }
    return 0;
}
```

程序运行结果如图 6-27 所示。

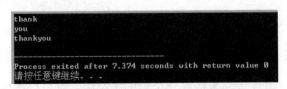

图 6-27 例 6.12 程序运行结果

【例 6.13】 输入一行字符，分别统计其中字母、空格、数字的个数。

编程思路：定义一个字符数组 str，用于接收用户从键盘上输入的一行字符，并循环读取字符数组中的元素 str[i]，直至遇到结束标志'\0'为止，如果当前数组元素是空格(str[i]==' ')，则空格的个数加 1；如果是数字（str[i]>='0' && str[i]<='9'），则数字的个数加 1；如果是字母（str[i]>='A' && str[i]<='Z') || (str[i]>='a' && str[i]<='z')），则字母的个数加 1。

程序代码如下。

```
#include <stdio.h>
#include <stdlib.h>
#include <string.h>
int main(int argc, char *argv[]) {
    char str[80];
    int i,letter,space,number;
    letter=0;            //定义一个变量,用来记录字母的个数
    space=0;             //定义一个变量,用来记录空格的个数
    number=0;            //定义一个变量,用来记录数字的个数
    printf("请输入一行字符:");
    gets(str);           //接收用户从键盘上输入的一行字符并赋给 str
    for(i=0;i<str[i]!='\0';i++) {   //循环读取字符数组的每个元素,遇到'\0'结束
        //如果数组元素是字母(大小写均可),则字母的个数加 1
        if((str[i]>='A' && str[i]<='Z') || (str[i]>='a' && str[i]<='z')) {
            letter++;
        } else if(str[i]>='0' && str[i]<='9') { /*如果是数字 0~9,则数字的个数加 1*/
            number++;
        } else if(str[i]==' ') {  //如果是空格' ',则空格的个数加 1
            space++;
        }
    }
    printf("字母个数:%d,空格个数:%d,数字个数:%d\n",letter,space,number);
    return 0;
}
```

程序运行结果如图 6-28 所示。

图 6-28　例 6.13 程序运行结果

注意事项：

（1）数组名的命名规则和变量名相同，遵循标识符命名规则。建议数组名命名要做到见名知意，如成绩使用 grade、求和使用 sum、年龄使用 age。当数组名命名涉及多个单词时，可采用驼峰式命名法或下画线法命名，如 calculateSumGrade 或 calculate_sum_grade。若单词很长，则可用单词的简写方式，如 cal_sum_grade。养成良好的命名习惯，才能写出更加具有可读性的程序。

（2）数组名不能与其他变量名相同，例如，在 main 函数中定义 int a; float a[10];这种写

法在编译时会报错，一定要注意。

（3）字符串结束标志'\0'仅用于判断字符串是否结束，输出字符串时不会输出。

（4）在使用字符数组存放某个字符串常量时，如果要指定字符数组的大小，那么其大小至少要比字符串的长度大1，以用来存放结束标志'\0'。例如，char s[5]= "hello"是错误的写法。

（5）字符数组和字符串的区别：字符串的末尾有一个空字符'\0'。

字符串有效长度：即字符串的字符个数，不包括'\0'。

字符数组的长度：即字符数组定义的长度，也就是数组元素的个数。

习 题 6

一、填空题

1. 若有定义 int a[][3]={1,2,3,4,5,6,7,8};，则 a 数组的行数为_____。
2. 若有语句 char s1[10], s2[10]="books";，则能将字符串"books"赋给数组 s1 的语句是_____。
3. 若有定义 char s[12]="string";，则 printf("%d",strlen(s));的输出结果是_____。
4. 语句 printf("%d",strlen("abs\no12\1\\"));的输出结果是_____。
5. 设一个整型变量占用 4 字节，若有定义 int a[10]={10,20,30};，则数组 a 在内存中所占字节数是_____。

二、选择题

1. 以下对于一维数组 a 的定义正确的是（   ）。
   A．char a(10);   B．int a{10};
   C．int k=10; int a[k];   D．int a[10];
2. 以下对于二维数组 a 的定义正确的是（   ）。
   A．int a[4][]={1,2,3,4,5,6};   B．int a[][5];
   C．int a[][3]={1,2,3,4,5,6}   D．int a[][]={{1,2,3},{4,5,6}};
3. 若定义一个字符数组名为 s 且初值为"123"的字符数组,则下列定义错误的是(   )。
   A．char s[]={'1', '2', '3', '\0'};   B．char s[]={"123"};
   C．char s[]={"123\n"};   D．char s[4]={'1', '2', '3'};
4. 设有字符数组定义 char str[]="helloworld";,则数组 str 在内存中所占字节数为(   )。
   A．10   B．11   C．12   D．13
5. 若二维数组 a 有 n 列，则 a[i][j]前的元素个数有（   ）。
   A．j*n+1   B．i*n+j-1   C．i*n+j   D．i*n+j+1

三、程序阅读题

1. 写出以下程序的运行结果。

```
#include <stdio.h>
```

```
#include <stdlib.h>
#include <string.h>
int main(int argc, char *argv[]) {
    char c='a',t[]="you and me";
    int n,k,j;
    n=strlen(t);
    for(k=0;k<n;k++) {
        if(t[k]==c) { j=k;break;}
        else j=-1;
    }
    printf("%d", j);
    return 0;
}
```

2. 写出以下程序的运行结果。

```
#include <stdio.h>
#include <stdlib.h>
#include <string.h>
int main(int argc, char *argv[]) {
    char str1[20]="China\0USA", str2[20]="Beijing";
    int i, k, num;
    i=strlen(str1);
    k=strlen(str2);
    num=i<k?i:k;
    printf("%d\n", num);
    return 0;
}
```

四、程序填空题

1. 以下程序的功能是使字符数组 a 中下标值为偶数的元素从小到大排列，其他元素不变，请将程序补充完整。

```
#include <stdio.h>
#include <stdlib.h>
#include <string.h>
int main(int argc, char *argv[]) {
    char a[]="clanguage",t;
    int i,j,k; k=strlen(a);
    for(i=0;i<=k-2;i+=2)
        for(j=i+2;j<k; _____)
            if(_____)
            { t=a[i];a[i]=a[j];a[j]=t;}
    puts(a);
    printf("\n");
    return 0;
}
```

2. 以下程序的功能是输入一个 3×3 的整型矩阵，求两条对角线元素中各自的最大值，请将程序补充完整。

```
int main(int argc, char *argv[]) {
    int s[3][3],max1,max2,x;
        int i,j;
    for(i=0;i<3;i++)
        for(j=0;j<3;j++)
            { scanf("%d",&x);s[i][j]=x;}
    max1=_____ ;
    for(i=1;i<3;i++)
    if(max1<s[i][i])  max1=s[i][i];
    max2=_____ ;
    if(max2<s[1][1]) max2=s[1][1];
    if(max2<s[2][0]) max2=s[2][0];
    printf("max1=%d\n",max1);
    printf("max2=%d\n",max2);
    return 0;
}
```

五、编程题

1. 求 Fibonacci 数列的前 30 项。

$F_0=1$
$F_1=1$
…
$F_i=F_{i-1}+F_{i-2}(i=2, 3, …, n)$

并将前 30 项输出到屏幕上。

2. 将一维数组 x 中大于平均值的数据移到数组的前部，小于等于平均值的数据移到数组的后部。

3. 输入一行字符，统计其中有多少个单词，单词之间用空格间隔。例如，输入"I am a student"，输出 4。

4. 从键盘上输入一个正整数，判断其是否为回文数。所谓回文数指顺读与反读一样的数。例如，12321、23455432 都是回文数。

5. 将二维数组 a[N][M]中每个元素向右移一列，最右一列换到最左一列，移动后的数组存储到另一个二维数组 b 中，原数组保持不变。例如：

a=	1	2	3	b=	3	1	2
	4	5	6		6	4	5

第 7 章 函　数

教学前言

如果把编程比作制造一台机器，那么函数就好比其零部件。可将这些"零部件"单独设计、调试、测试好，用时拿出来装配，并进行总体调试。这些"零部件"可以是自己设计制造/他人设计制造/现在的标准产品。在 C 程序设计中，通常将一个大程序分成几个子程序模块（自定义函数），将常用功能做成标准模块（标准函数）放在函数库中供其他程序调用。

C 语言的程序是由函数组成的，前面几章中所介绍的所有程序都是由一个 main 函数组成的，程序的所有操作都在主函数中完成。实际上，C 语言程序可以包含一个 main 函数和若干个子函数。主函数可以调用子函数，子函数之间也可以互相调用。

 教学要点

通过本章的学习，需要读者熟悉函数的定义、调用，掌握函数的嵌套调用与递归调用，编写和阅读模块化结构的程序。

7.1　函数的定义

如果想调用一个函数完成某种功能，则必须先按其功能来定义该函数。函数设计的要求：明确该函数的功能、定义该函数的接口（即函数头，包括函数名、参数和返回值）、定义该函数的功能实现部分。

7.1.1　无参函数的定义

无参函数定义的一般格式如下。

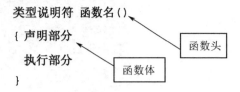

函数头(函数首部):"类型说明符"为函数的类型,即函数返回值的类型,可以是整型、实型等;"函数名"的命名规则与变量名的命名规则一致;小括号中是空白的,没有任何参数。

函数体:一般包括声明部分和执行部分。

注意,若所调用的函数的位置放在被调用的函数的后面,则需要有函数说明语句。

【例 7.1】输出"hello,world!"。

程序 1:

```
void print()
{
    printf("hello,world!");
}
main()
{
    print();
}
```

程序 2:

```
void print();
main()
{
    print();
}
void print()
{
    printf("hello,world!");
}
```

其中,void 表示这个函数无返回值,print 是函数名。

【例 7.2】以菜单形式分别选择九九乘法表、完数,并进行相关操作。

编程思路:九九乘法表、完数分别作为被调函数,在主函数中调用它们即可。所以,本例中定义了两个无参函数,即 jjcfb()、ws(),分别用于求九九乘法表、完数。

程序代码如下:

```
#include<stdio.h>
void jjcfb();
void ws();
main()
{
    int n;
    printf("1.九九乘法表\n");
    printf("2.完数\n");
```

```c
        printf("请选择1或者2");
        scanf("%d",&n);
        if(n==1)jjcfb();
        if(n==2)ws();
}
//九九乘法表
void jjcfb()
{
    int i,j,k;
    printf("%10c",'*');
    for(i=1;i<=9;i++)
        printf("%4d",i);
    printf("\n");
    for(i=1;i<=9;i++)
    {
        printf("%10d",i);
        for(j=1;j<=i;j++)
            printf("%4d",i*j);
        printf("\n");
    }
}
//求完数
void ws()
{
    static int k[10];
    int i,j,n,s;
    for(j=2;j<1000;j++)
    {
        n=-1;
        s=j;
        for(i=1;i<j;i++)
        {
            if((j%i)==0)
            {
            n++;
            s=s-i;
            k[n]=i;
            }
        }
        if(s==0)
        {
            printf("%d is a wanshu",j);
            for(i=0;i<n;i++)
            printf("%d,",k[i]);
            printf("%d\n",k[n]);
        }
    }
}
```

7.1.2 空函数

空函数的一般格式如下。

```
类型说明符 函数名()
{
}
```

此函数没有任何功能,只占一个位置,其目的是方便扩充新的功能。

7.1.3 有参函数的定义

有参函数定义的一般格式如下。

```
类型说明符 函数名(形参类型 形参名1,形参类型 形参名2,……)
{
    声明部分
    执行部分
}
```

有参函数比无参函数多了两个内容:其一是形式参数表,其二是形式参数类型说明。在形参表中给出的参数称为形式参数,它们可以是各种类型的变量,各参数之间使用逗号间隔。在进行函数调用时,主调函数将赋给这些形式参数实际的值。形参既然是变量,就必须进行类型说明。

常见的程序设计错误如下。

(1) 把同一种类型的参数声明为类似于 float x,y 的形式,而不是 float x,float y。

(2) 在函数内部把函数参数再次定义成局部变量,例如:

```
int sum(int x, int y)
{
    int x, y;//错误!
    return (x+y);
}
```

7.2 函数的调用

7.2.1 函数调用的一般方法

函数调用的一般格式如下。

```
函数名([参数列表]);
```

说明:无参函数调用没有参数,但是"()"不能省略,有参函数若包含多个参数,则各参数用","隔开,实参个数与形参个数相同,类型也必须一致。

函数调用有以下 3 种形式。

1）函数语句

函数调用作为一个语句出现。这种调用方式无需函数有返回值，只用它完成某项功能。

2）函数表达式

当调用的函数有返回值时，有时会以表达式的方式调用该函数。例如：

```
z=5+max(a,b);
```

函数 max 是表达式的一部分，其返回值加上 5 并赋给 z。

3）函数参数

函数调用作为一个函数的实参，这是实际应用中使用较多的一种方式。例如：

```
z=max(a,max(b,c));
```

以上代码先求出 b、c 中的较大者，再用这个数与 a 做比较，并求出它们之间的较大者，z 的值是 a、b、c 中的最大值。

在函数调用中还应该注意的一个问题是求值顺序。所谓的求值顺序是指确定实参表中各量是自左至右使用，还是自右至左使用。对于此，各系统的规定不一定相同。

7.2.2 函数的声明

1．函数声明与函数定义的位置关系

（1）当函数定义位置在前，函数调用在后时，不必声明，编译程序产生正确的调用格式。

（2）当函数定义在调用它的函数之后或者函数在其他源程序模块中，且函数类型不是整型时，为了使编译程序产生正确的调用格式，可以在函数使用前对函数进行声明。这样，不管函数在什么位置，编译程序都能产生正确的调用格式。

2．函数声明的格式

函数声明也称函数的原型，函数声明的格式如下。

```
函数类型 函数名（参数类型1，参数类型2，……）
```

或者

```
函数类型 函数名（参数类型1 参数名1，参数类型2 参数名2，……）
```

说明：如果被调函数的定义出现在主调函数之前，则主调函数中可以不加声明。
如果在所有函数定义之前已做了函数声明，则各主调函数不必再对其进行声明。
函数原型用法可以参照例 7.1。

7.2.3 函数的参数与返回值

【例 7.3】有 5 名学生参加了若干门课程的考试，要求出每门课程的总分及平均分。

编程思路：在本例中，设计了一个求总分和平均分的子函数，主函数调用该子函数完成任务。

```
void ave(int n,int kc)
{
```

```
        int score,i,j;
        float sum,avg;
        for(j=1;j<=kc;j++)
        {
            sum=0;
            printf("请输入第%d门考试成绩\n",j);
            for(i=1;i<=n;i++)
            {
                scanf("%d",&score);
                sum+=score;
            }
            avg=sum/n;
            printf("第%d门课程的总分为%f,平均分为%f\n",j,sum,avg);
        }
    }
    main()
    {
        int n=5,kc;
        printf("请输入要统计的课程门数为:");
        scanf("%d",&kc);
        ave(n,kc);
        getch();
    }
```

分析此程序可以发现，主函数调用了子函数 ave()。

（1）形式参数（简称形参）：函数定义时设置的参数。

在本例中，子函数首部 void ave(int n,int kc)中的 n、kc 就是形参，它们的类型为整型。

（2）实际参数（简称实参）：调用函数时所使用的实际的参数。

通过本例的代码，可以发现主函数的调用函数语句是 ave(n,kc)，其中，n、kc 就是实参，它们的类型都为整型。

说明：实参除可以是变量外，还可以是常量、函数、表达式等。

形参在函数未调用之前是不存在的，只有在发生函数调用时，函数中的形参才会被分配内存空间。在函数执行结束后，这些形参所占据的内存空间会被自动释放。

实参与形参的个数和数据类型应一致。

（3）参数传递：在调用函数时，主调函数与被调函数之间有数据传递（即实参传递给形参）。具体的传递方式有以下两种。

传值：将实参单向传递给形参。

传地址：将实参地址单向传递给形参。

说明：传地址不会影响实参的值，但不等于其不影响实参指向的数据。

（4）返回值：在执行被调函数时，如果要将控制或被调函数的值返回给主调函数，则需要使用返回语句。返回语句有以下 3 种。

```
return(表达式);
return 表达式;
return;
```

说明：return 语句用于结束被调函数的执行并返回主调函数。
如果被调函数中没有返回语句 return，则执行完该函数体的最后一个语句才返回。
返回值的类型必须和被调函数的类型一致。

7.3 函数的嵌套调用

7.3.1 数组名作为函数参数

使用数组名作为函数参数与使用数组元素作为实参以下有几点不同。

（1）使用数组元素作为实参时，只要数组类型和函数的形参变量的类型一致，作为下标变量的数组元素的类型就和函数形参变量的类型是一致的。因此，并不要求函数的形参也是下标变量。换句话说，对数组元素的处理是按普通变量对待的。使用数组名作为函数参数时，要求形参和相对应的实参必须是类型相同的数组，且必须有明确的数组说明。当形参和实参二者不一致时，就会发生错误。

（2）在普通变量或下标变量作为函数参数时，形参变量和实参变量是由编译系统分配的两个不同的内存单元。在函数调用时发生的值传送是把实参变量的值赋给形参变量。在使用数组名作为函数参数时，不是进行值的传送，即不是把实参数组的每一个元素的值都赋给形参数组的各个元素。因为实际上形参数组并不存在，编译系统不为形参数组分配内存。那么，数据的传送是如何实现的呢？由于数组名就是数组的首地址，因此在数组名作为函数参数时所进行的传送只是地址的传送，即把实参数组的首地址赋给形参数组名。形参数组名取得该首地址之后，就等于有了实在的数组。实际上，形参数组和实参数组为同一数组，共同拥有一段内存空间。

（3）前面已经讨论过，在变量作为函数参数时，所进行的值传送是单向的，即只能从实参传向形参，不能从形参传回实参。形参的初值和实参相同，而形参的值发生改变后，实参并不变化，两者的终值是不同的。而当使用数组名作为函数参数时，情况则不同。由于实际上形参和实参为同一数组，因此当形参数组发生变化时，实参数组也随之变化。当然，这种情况不能理解为发生了"双向"的值传递。但从实际情况来看，调用函数之后，实参数组的值将根据形参数组值的变化而变化。

7.3.2 嵌套调用函数

【例 7.4】一个班的 30 名学生参加 C 语言程序设计课程的考试，请用菜单的方式求此课程的平均分、最高分、最低分。

编程思路：本例中主函数的功能是设计一个菜单，由选择的菜单调用相应的函数，程序中定义了求本门课程的平均分、最高分、最低分的函数，并定义了隔线函数 gexian()。

程序代码如下。

```
#include <stdio.h>
void gexian()
{
    printf("--------------------------------------------------\n");
```

```c
}
void average(float b[],int size)
{
    int i=0;
    float temp=0.0;
    for(;i<size;i++)
    temp+=b[i];
    gexian();
    printf("平均分是：%f",temp/size);
}
void max(float b[],int size)
{
    int i=1;
    float temp=b[0];
    for(;i<size;i++)
        if(temp<b[i])
        temp=b[i];
    gexian();
    printf("最高分是：%f",temp);
}
void min(float b[],int size)
{
    int i=1;
    float temp=b[0];
    for(;i<size;i++)
        if(temp>b[i])
            temp=b[i];
    gexian();
    printf("最低分是：%f",temp);
}
main()
{
    float a[30];
    int i;
    gexian();
    printf("     C语言程序设计成绩统计\n");
    gexian();
    printf("1.统计C语言程序设计成绩的平均分\n");
    printf("2.统计C语言程序设计成绩的最高分\n");
    printf("3.统计C语言程序设计成绩的最低分\n");
    gexian();
    printf("请输入30名学生的成绩");
    for(i=0;i<30;i++)
        scanf("%f",&a[i]);
    printf("请输入1～3中的一个数");
    scanf("%d",&i);
    if(i==1)
        average(a,30);
    if(i==2)
```

```
            max(a,30);
        if(i==3)
            min(a,30);
        getch();
}
```

C语言中不允许做嵌套的函数定义。因此，各函数之间是平行的，不存在上一级函数和下一级函数的问题。但是C语言允许在一个函数的定义中出现对另一个函数的调用。这样就出现了函数的嵌套调用，即在被调函数中又调用其他函数。这与其他语言的子程序嵌套的情形是类似的。

在例 7.4 中，主函数调用了 average()、max()、min() 3 个函数，而这 3 个函数又分别调用了 gexian() 函数，这就是在本例中要解决的问题，即函数的嵌套调用。函数嵌套调用关系如图 7-1 所示。

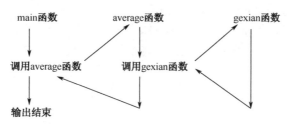

图 7-1　函数嵌套调用关系

图 7-1 表示了两层嵌套的情形。其执行过程如下：执行 main 函数中调用 average 函数的语句时，即转去执行 average 函数，在 average 函数中调用 gexian 函数时，又转去执行 gexian 函数，gexian 函数执行完毕后返回 average 函数的断点继续执行，average 函数执行完毕后返回 main 函数的断点继续执行。

7.4　函数的递归调用

函数直接或间接的调用自身称为函数的递归调用，这种函数称为递归函数。C语言允许函数递归调用。在递归调用中，主调函数又是被调函数。执行递归函数将反复调用其自身，每调用一次就进入新的一层。

说明：

（1）C编译系统对递归函数的自调用次数没有限制。

（2）每调用函数一次，就在内存堆栈区中分配空间，用于存放函数变量、返回值等信息，所以递归次数过多时，可能引起堆栈溢出现象。

递归调用过程（两个阶段）如下。

（1）递推阶段：将原问题不断地分解为新的子问题，逐渐从未知的方向向已知的方向推测，最终达到已知的条件，即递归结束条件，此时递推阶段结束。

（2）回归阶段：从已知条件出发，按照"递推"的逆过程逐一求值回归，最终到达"递推"的开始处，结束回归阶段，完成递归调用。

【例 7.5】 使用递归法求 $n!$。

编程思路：$n!=n*(n-1)*(n-2)*\cdots\cdots*1$。

递归公式如下。

$$n!\begin{cases}1 & 当n=1时\\ n*(n-1) & 当n>1时\end{cases}$$

程序代码如下。

```c
#include "stdio.h"
int fact();
main()
{
  int n;
  scanf("%d",&n);
  printf("%d!=%d\n",n,fact(n));
  getch();
}
int fact(int j)
{
  int sum;
  if(j==1)
    sum=1;
  else
    sum=j*fact(j-1);
  return sum;
}
```

【例 7.6】 猜年龄。有 5 个人坐在一起，问第五个人的岁数，他说他比第 4 个人大 2 岁；问第 4 个人的岁数，他说他比第 3 个人大 2 岁；问第三个人的岁数，他说他比第 2 个人大 2 岁；问第 2 个人的岁数，他说比第一个人大 2 岁；问第一个人的岁数，他说他 10 岁。请问第五个人多大？

编程思路：本例利用递归的方法，递归分为递推和回归两个阶段。要想知道第五个人的岁数，需知道第四个人的岁数，以此类推，推到第一个人（10 岁），再往回推。若用 age(n) 表示第 n 个人的年龄，则有公式：

$$age(n)\begin{cases}10 & n=1\\ age(n-1)+2 & n>1\end{cases}$$

程序代码如下。

```c
#include "stdio.h"
int age(int n)
{
   int c;
   if(n==1) c=10;
   else c=age(n-1)+2;
   return(c);
}
main()
{
```

```
        printf("第5个人的年龄为：%d",age(5));
        getch();
    }
```

以上递归调用的执行和返回情况可以借助图 7-2 来说明。

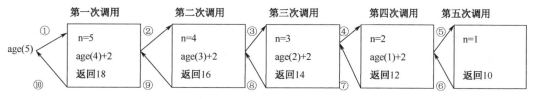

图 7-2 递归调用的执行和返回

7.5 局部变量和全局变量

1．变量的作用域和生存期

（1）变量的作用域：即变量的作用范围（或有效范围），表现为有的变量可以在整个程序或其他程序中进行引用，有的则只能在局部范围内引用。

变量按其作用域范围可分为两种：局部变量和全局变量。

（2）变量的生存期：变量从被生成到被撤销的这段时间，实际上就是变量占用内存的时间。

变量按其生存期可分为两种：动态变量和静态变量。

2．局部变量的作用域和生存期

（1）定义：在函数内做定义说明的变量，也称内部变量。

（2）作用域：仅限于函数内，离开函数后不可再引用。

（3）生存期：从函数被调用的时刻到函数返回调用处的时刻（静态局部变量除外）。

说明：

① 主函数中定义的变量也是局部变量，它只能在主函数中使用，在其他函数中不能使用。同时，主函数中不能使用其他函数中定义的局部变量。

② 形参变量属于被调函数的局部变量，实参变量则属于全局变量或主调函数的局部变量。

③ 允许在不同的函数中使用相同的变量名，它们代表不同的对象，分配不同的内存单元，互不干扰，也不会混淆。

④ 在复合语句中定义的变量也是局部变量，其只在复合语句范围内有效，其生存期是从复合语句被执行的时刻到复合语句执行完毕的时刻。

3．全局变量的作用域和生存期

（1）定义：在函数外部做定义说明的变量，也称外部变量。它不属于哪一个函数，而属于一个源程序文件。

（2）作用域：从定义变量的位置开始到本源文件结束，在有 extern 说明的其他源文件中也有效。

（3）生存期：与程序相同，即从程序开始执行到程序终止的这段时间内，全局变量都有效。

注意事项：

① 应尽量少使用全局变量，因为全局变量在程序全部执行过程中始终占用存储单元；使用全局变量降低了函数的独立性、通用性、可靠性及可移植性；使用全局变量降低了程序的清晰性，容易出错。

② 若外部变量与局部变量同名，则外部变量被屏蔽。

4．变量的存储类型

在 C 语言中，对变量的存储类型说明有以下 4 种。

（1）auto：自动变量。

（2）register：寄存器变量。

（3）extern：外部变量。

（4）static：静态变量。

自动变量和寄存器变量属于动态存储方式，外部变量和静态变量属于静态存储方式。在介绍了变量的存储类型之后，可以知道对一个变量的说明不仅应说明其数据类型，还应说明其存储类型。因此，变量说明的完整格式如下。

存储类型说明符 数据类型说明符 变量名1，变量名2，……；

例如：

```
static int a,b;                  //说明a,b为静态类型变量
auto char c1,c2;                 //说明c1,c2为自动字符变量
static int a[5]={1,2,3,4,5};     //说明a为静态整型数组
extern int x,y;                  //说明x,y为外部整型变量
```

下面分别介绍以上 4 种存储类型。

1）自动变量

前面所有例子的函数中定义的变量实际上都是自动变量，只是省略了关键字"auto"。自动变量有以下几个特点。

① 自动变量的作用域仅限于定义该变量的个体中。在函数中定义的自动变量，只在该函数中有效；在复合语句中定义的自动变量，只在该复合语句中有效。例如：

```
int kv(int a)
{
    auto int x,y;
  { auto char c;
  } /*c的作用域*/
    ……
} /*a、x、y的作用域*/
```

② 自动变量属于动态存储方式，只有在使用它，即定义该变量的函数被调用时才为其分配存储单元，开始其生存期；函数调用结束后，释放存储单元，结束其生存期。因此，

函数调用结束之后，自动变量的值无法保留。在复合语句中定义的自动变量，在退出复合语句后也再使用，否则将引起错误。例如：

```
main()
{ auto int a,s,p;
  printf("\ninput a number:\n");
  scanf("%d",&a);
  if(a>0){
  s=a+a;
  p=a*a;
  }
  printf("s=%d p=%d\n",s,p);
}
```

s、p 是在复合语句中定义的自动变量，只能在该复合语句中有效。而此程序的第 9 行却是在退出复合语句之后使用 printf 语句输出 s、p 的值，这显然会引起错误。

③ 由于自动变量的作用域和生存期都局限于定义它的个体中（函数或复合语句中），因此，不同的个体中允许使用同名的变量而不会混淆。即使在函数中定义的自动变量也可与该函数内部的复合语句中定义的自动变量同名。

④ 对于构造类型的自动变量（如数组等），不可做初始化赋值。

2）静态变量

静态变量的类型说明符是 static。静态变量属于静态存储方式，但是属于静态存储方式的变量不一定就是静态变量，例如，外部变量虽属于静态存储方式，但不一定是静态变量，必须由 static 加以定义后才能成为静态外部变量，或称静态全局变量。对于自动变量，前面已经介绍其属于动态存储方式。但是可以用 static 定义其为静态自动变量，或称静态局部变量，从而成为静态存储方式。由此来看，一个变量可由 static 进行再说明，并改变其原有的存储方式。

（1）静态局部变量：在局部变量的说明前加上 static 即可构成静态局部变量。

静态局部变量属于静态存储方式，它具有以下特点。

① 静态局部变量在函数内定义，但不像自动变量那样在调用时就存在，退出函数时就消失。静态局部变量始终存在着，也就是说，它的生存期为整个源程序。

② 静态局部变量的生存期虽然为整个源程序，但是其作用域仍与自动变量相同，即只能在定义该变量的函数内使用该变量。退出函数后，尽管该变量继续存在，但无法使用。

③ 允许对构造类静态局部量赋初值。这在第 6 章中介绍数组初始化时已做过说明。若未赋初值，则由系统自动赋 0。

④ 对于基本类型的静态局部变量，若在说明时未赋初值，则系统自动赋 0。而若对自动变量不赋初值，则其值是不定的。根据静态局部变量的特点，可以看出它是一种生存期为整个源程序的量。虽然离开定义它的函数后无法使用，但再次调用定义它的函数时，其又可继续使用，并保存了前次被调用后留下的值。因此，当多次调用一个函数且要求在调用之间保留某些变量的值时，可考虑采用静态局部变量。虽然用全局变量也可以达到上述目的，但全局变量有时会造成副作用，因此采用局部静态变量为宜。

【例 7.7】静态变量的性质和作用示例。

```
#include <stdio.h>
```

```
void main ()
{
    int i;
    void func ();    //函数说明
    for (i = 1; i <= 5; i++)
        func ();     //函数调用
}
void func ()         //函数定义
{
    static int j = 0;
    ++j;
    printf ("%d ", j);
}
```

程序运行结果如下。

```
1 2 3 4 5
```

（2）静态全局变量：全局变量（外部变量）的说明之前再冠以 static 就构成了静态全局变量。

全局变量改为静态变量后会改变其作用域，限制了其使用范围。当一个源程序由多个源文件组成时，非静态的全局变量可通过外部变量说明使其在整个源程序中都有效。而静态全局变量只在定义该变量的源文件中有效，在同一源程序的其他源文件中无法通过外部变量说明来使用。

3）外部变量

外部变量和全局变量是对同一类变量的两种不同角度的提法。全局变量是从其作用域提出的，外部变量从其存储方式提出的，表示了其生存期。其属于静态存储类型。

【例 7.8】引用其他文件中的外部变量。

```
/*原文件prg1.cpp*/
int a, b;            //外部变量定义
int max ();          //外部函数声明
void main ( )
{
    int c;
    a = 4, b = 5;
    c = max ();
    printf ("max = %d\n", c);
}
/*原文件prg2.cpp*/
extern int a, b;     //外部变量定义
int max ( )
{
    return (a > b ? a : b);
}
```

程序运行结果如下。

```
5
```

4）寄存器变量

上述各类变量都存放在存储器内，因此，当对一个变量频繁读写时，必须反复访问存储器，从而花费大量的存取时间。为此，C语言提供了另一种变量——寄存器变量。这种变量存放在 CPU 的寄存器中，使用时，不需要访问内存，可直接从寄存器中读写，这样可提高效率。寄存器变量的说明符是 register。循环次数较多的循环控制变量及循环体中反复使用的变量，均可定义为寄存器变量。

【例 7.9】寄存器变量的作用示例。

```
main ()
{
    register i, s = 0;
    for (i = 1; i <= 100; i++)
    s = s + i;
    printf ("s = %d\n", s);
}
```

5．内部函数和外部函数

函数一旦定义即可被其他函数调用。但当一个源程序由多个源文件组成时，在一个源文件中定义的函数能否被其他源文件中的函数调用呢？为此，C语言把函数分为两类：内部函数和外部函数。

（1）内部函数：如果在一个源文件中定义的函数只能被本文件中的函数调用，而不能被同一源程序的其他文件中的函数调用，则这种函数称为内部函数。其定义的一般形式如下。

```
static    类型说明符    函数名（形参表）
```

（2）外部函数：外部函数在整个源程序中都有效。其定义的一般格式如下。

```
extern    类型说明符    函数名（形参表）
```

例如：

```
//F1.c（源文件 1）
main()
{
    extern int f1(int i);  /*外部函数说明，表示f1函数在其他源文件中*/
    ……
}
//F2.c（源文件 2）
extern int f1(int i);  /*外部函数定义*/
{
    ……
}
```

【例 7.10】输入正方体的长、宽、高（l、w、h）。求其体积及 3 个面 $x*y$、$x*z$、$y*z$ 的面积。

编程思路：本例中定义了 3 个外部变量 s1、s2、s3，用来存放 3 个面的面积，其作用域为整个程序。函数 vs 用来求正方体的体积和 3 个面的面积，函数的返回值为体积 v，由主函数完成长、宽、高的输入及结果输出。由于 C 语言规定函数返回值只有一个，因此，当需要增加函数的返回值时，使用外部变量是一种很好的方式。

程序代码如下。

```
int s1,s2,s3;
int vs( int a,int b,int c)
{
    int v;
    v=a*b*c;
    s1=a*b;
    s2=b*c;
    s3=a*c;
    return v;
}
main()
{
    int v,l,w,h;
    printf("\ninput length,width and height\n");
    scanf("%d%d%d",&l,&w,&h);
    v=vs(l,w,h);
    printf("v=%d s1=%d s2=%d s3=%d\n",v,s1,s2,s3);
    getch();
}
```

【例 7.11】将任意两个字符串连接成一个字符串（使用数组名作为函数参数实现地址传递的方式）。

程序代码如下。

```
#include <stdio.h>
void mergestr (char s1[ ], char s2[ ], char s3[ ]);
void main ()
{
    char str1[ ] = {"Hello "};
    char str2[ ] = {"china!"};
    char str3[40];
    mergestr (str1, str2, str3);
    printf ("%s\n", str3);
    getch();
}
void mergestr (char s1[ ], char s2[ ], char s3[ ])
{
    int i, j;
    for (i = 0; s1[i] != '\0'; i++)      /*将s1复制到s3中*/
        s3[i] = s1[i];
    for (j = 0; s2[j] != '\0'; j++)      /*将s2复制到s3的后面 */
        s3[i+j] = s2[j];
    s3[i+j] = '\0';                       /*设置字符串结束标志*/
}
```

7.6 应用程序举例

通过本章的学习,需要熟练掌握函数的定义和调用,现在来看一个综合案例,进一步明确什么是函数、函数有哪些类型、如何自定义一个函数,以及如何调用一个函数。

【案例】编写一个计算器程序,实现整数的加、减、乘、除 4 种运算功能。要求设计一个菜单,根据菜单功能进行 4 种功能的选择。

1. 案例分析

为了使程序的结构更清晰,可以对此案例进行分解:分别设计 4 个函数来实现+、-、*、/4 种运算;制作菜单,并根据需要调用相应的函数。

而第一个任务又比较多,所以将它分解成以下子任务:负责加法运算的任务,负责减法运算的任务,负责乘法运算的任务,负责除法运算的任务。

2. 案例实现过程

```c
#include<stdio.h>
#include<stdlib.h>
int sum(int a,int b);
int sub(int a,int b);
int mul(int a,int b);
double div(int a,int b);
void menu();
void select(char ch);
int main()
{
    char ch;
    while(1)
    {
        menu();
        printf("请输入您的选择(1,2,3,4,0):");
        ch=getchar();
        select(ch);
    }
}
void select(char ch)
{
    int a,b,c;
    double f;
    printf("请输入两个整数:");
    scanf("%d%d",&a,&b);
    switch(ch)
```

```c
    {
        case '1':c=sum(a,b);
        printf("\n%d+%d=%d\n",a,b,c);break;
        case '2':c=sub(a,b);
        printf("\n%d-%d=%d\n",a,b,c);break;
        case '3':c=mul(a,b);
         printf("\n%d*%d=%d\n",a,b,c);break;
        case '4':
        if(b==0)
        {
            printf("您输入的除数为0,请重新输入除数的值;");
            scanf("%d",&b);
        }
        f=div(a,b);
        printf("\n%d/%d=%f\n",a,b,f);break;
        case '0':exit(0);
    }
}
int sum(int a,int b)
{
    return a+b;
}
int sub(int a,int b)
{
    return a-b;
}
int mul(int a,int b)
{
    return a*b;
}
double div(int a,int b)
{
    return (double)a/b;
}
void menu()
{
    printf("----------------------------------------\n");
    printf("           计算器\n");
    printf("  1.加法;2.减法;3.减法;4.除法;0.退出\n");
    printf("----------------------------------------\n");
}
```

3. 案例执行结果

案例执行结果如图 7-3 所示。

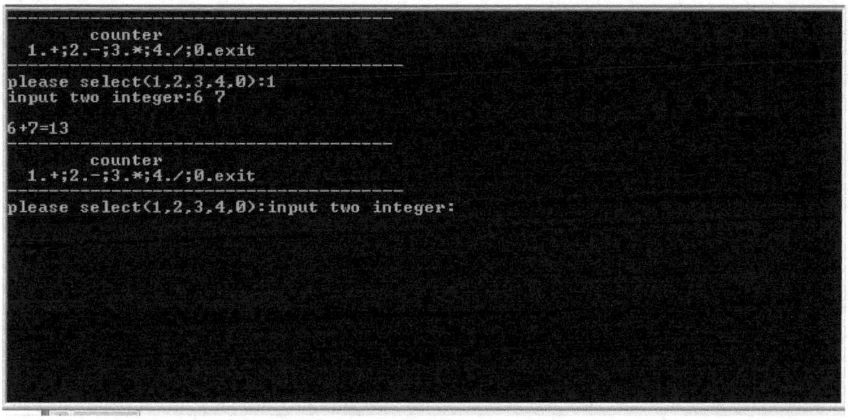

图 7-3　案例执行结果

习　题　7

一、填空题

1. C 语言中，用来跳过循环体后面的语句，开始执行下一次循环的关键字是＿＿＿＿。
2. 在调用函数时，如果实参是数组名，则它与对应形参之间的数据传递方式是＿＿＿＿。
3. 如果函数的类型和返回值类型不一致，则以＿＿＿＿为准。
4. 在一个 C 源程序文件中，若要定义一个只允许本源文件中所有函数使用的全局变量，则该变量需要使用的存储类别是＿＿＿＿。
5. C 语言中，若未说明函数的类型，则系统默认该函数的类型是＿＿＿＿。

二、选择题

1. 一个完整的 C 源程序（　　）。
   A．由一个主函数或一个以上的非主函数构成
   B．由一个主函数和零个以上的非主函数构成
   C．由一个主函数和一个以上的非主函数构成
   D．由一个且只有一个主函数或多个非主函数构成
2. 若在 C 语言中未说明函数的类型，则系统默认该函数的类型是（　　）。
   A．float　　　　　　B．long　　　　　　C．int　　　　　　D．double
3. 以下程序的运行结果是（　　）。（假设程序运行时输入 5，3 并回车。）

```
int a, b;
void swap()
{
    int t;
    t=a;
    a=b;
    b=t;
}
```

```
main()
{
    scanf("%d,%d", &a, &b);
    swap();
    printf ("a=%d,b=%d\n",a,b);
}
```

  A. a=5,b=3 B. a=3,b=5 C. 5,3 D. 3,5

4. 以下程序的运行结果是（　　）。

```
void f(int a, int b)
{
    int t;
    t=a;
    a=b;
    b=t;
}
main()
{
    int x=1, y=3, z=2;
    if(x>y) f(x,y);
        else if(y>z)
        f(x,z);
    else f(x,z);
    printf("%d,%d,%d\n",x,y,z);
}
```

  A. 1,2,3 B. 3,1,2 C. 1,3,2 D. 2,3,1

5. C语言规定，程序中各函数之间（　　）。

  A. 既允许直接递归调用，又允许间接递归调用
  B. 既不允许直接递归调用，又不允许间接递归调用
  C. 允许直接递归调用，不允许间接递归调用
  D. 不允许直接递归调用，允许间接递归调用

三、程序阅读题

1. 写出以下程序的运行结果。

```
#include f(int b[ ], int n)
{
    int i, r=1;
    for(i=0; i<=n; i++)
    r=r*b[i]; return r;
}
main()
{
    int x, a[]={ 2,3,4,5,6,7,8,9};
    x=f(a, 3);
    printf("%d\n",x)
}
```

2．写出以下程序的运行结果。

```c
#include
void fun(char w[ ],int m)
{char s;
    int i,j;
    i=0;
    j=m-1;
    while (i<j)
    {
        s=w[i];
        w[i]=w[j];
        w[j]=s;i++;j--;
    }
}
main()
{
    char a[]=fun(a,4);
    puts(a);
}
```

四、程序填空题

以下程序的功能是使用插入排序方法将数组 a 中的元素由大到小进行排列，请将程序补充完整。

```c
void insert_sort( int *a, int size )
{
    int i = 0, j = 0, x =0;
    for( _____ ; i < size; i++ )
    {
        x = a[ i ];
        j = i - 1;
        while((j>=0)&&(_____ <x))
        {
            a[ j + 1 ] = a[ j ];
            j- -;
        }
        _____ ;
    }
}
```

五、编程题

1．以自定义函数编程求 $s=m!+n!+k!$，m、n、k 从键盘上输入（其值均小于 7）。

2．请编写两个自定义函数，分别求两个正整数（两个正整数由键盘输入得到）的最大公约数和最小公倍数，使用主函数调用这两个函数，并输出结果。

第 8 章

指 针

📖 教学前言

指针（Pointer）是一种数据类型，但它的值不是通常要存储的数据，而是其他值在内存中的地址。许多高级语言提供了其他机制以避免使用指针。C 语言的设计意图是使程序员可以方便地访问由硬件提供的功能，因而指针的使用非常普遍。不理解指针的工作原理就无法理解 C 程序，只有更加有效地使用指针才能更大限度地发挥 C 语言的优势。指针是 C 语言中的一个重要概念，也是 C 语言的一个重要特色。正确而灵活地运用指针，可以使程序简洁、紧凑、高效。每一个学习和使用 C 语言的人，都应该深入地学习和掌握指针的使用方法。

指针有很多用途，如可以简洁的方式引用大的数据结构、可以使程序的不同部分享用共同数据，能在程序执行过程中预留新的内存空间、可以记录数据项之间的关系等。指针的概念比较复杂，使用也比较灵活，初学者在使用指针时经常会出错，因此在学习本章的内容时要多思考、多比较、多上机练习。

 教学要点

通过学习本章，要求读者掌握指针的概念、指针变量的定义及引用，使用指针实现数组的输入、输出，使用指针函数并设计应用程序。

8.1 地址

通过前面的学习，大家应该知道程序中的数据不仅能存储在简单变量中，还能存储在复杂的数据结构中，如数组。数据在计算机中存储需要占用特定的内存空间，即某一类型的对象在内存中要有相应的位置，即地址。为了更清楚地说明地址和指针的概念，这里引入了左值的概念。

在 C 语言中，任何一个指向能寻找出数据内存位置的表达式都可称为左值。只有左值可出现在赋值表达式的左侧。例如，简单变量就是左值，因此可以写出这样的表达式：

```
x=12.5;
```

同样，指定数组元素的选择表达式也是左值，故可以进行如下形式的赋值：

```
arr[3]=4;
```

C 语言中很多内容不是左值。例如，常量不是左值，因而常量的值无法改变；算术表达式的值也不是左值，所以把一个值赋给一个算术表达式是非法的。

关于左值，有以下几个原则。

（1）每个左值都存储在内存中，内存的每个字节都按顺序有一个相应的编号，相邻字节的编号相邻。内存的编号称为地址。因此，每一个左值都有其内存地址。

（2）一旦声明左值，尽管它的内容（如变量的值）可以改变，但是其地址不变。

（3）所保存的数值类型不同，不同左值需要占用不同大小的内存。

（4）左值的地址本身也是数据，也可以在内存中进行操作和存储。

其中，原则（4）看起来没什么用处，但用于程序设计时会显示出其深远的意义。下面通过一个例子进行说明。假设声明了一个变量：

```
int a;
```

如果使用的系统以 4 字节存储整型变量，这一声明为整数 a 在内存的某处保留了一个存储空间。例如，a 保留在 2000～2003 处，如图 8-1（a）所示。根据原则（4），与变量 a 相关的首地址 2000 本身也是一个数据值。根据字面的意义，2000 只是一个整数，所以它可以存储在计算机中，并且它在内存中的存储方式与其他的整数是一样的。如可以把 a 存放在 3504 开始的 4 字节中，如图 8-1（b）所示。可以看到，虽然在 3504～3507 中存储的 2000 是一个普通的整数，但它具有特殊的含义，它代表了变量 a 存储的地址。一个数值在程序中究竟是一个普通整数还是一个地址，取决于存储该数值变量的声明类型：如果声明的是一个普通整型变量，那么它存储的是普通整型数；如果声明的是一个指针变量，那么它存储的是另一个对象的地址。

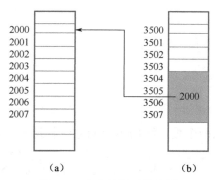

图 8-1　内存地址及其存储

8.2　指针变量

像简单数据类型一样，指针也是一种数据类型。C 语言规定，对于任何类型 T 都可以建立指向 T 的指针。根据 T 是对象类型还是函数类型，相应的指针类型称为对象指针或函数指针。指针类型的值是类型 T 的对象或函数的地址。

8.2.1 声明指针变量

像已经学习过的简单类型一样，可以声明指针类型的变量。一个指针类型的变量可以存储指针类型的值，即相应的对象或者函数的地址。使用指针变量前必须先声明。声明指针变量的格式如下。

```
base-type *pointer-variable;
```

其中，base-type 是指针所指向的对象的类型，pointer-variable 是指针变量的名称。例如：

```
int *p1,*p2;
```

如果写为

```
int *p1,p2;
```

则 p1 是指向整数类型的指针变量，而 p2 是一个整型变量，该语句等价于以下两个语句。

```
int *p;
int p2;
```

8.2.2 指针变量的赋值

（1）指针变量和普通变量一样，使用之前不仅需要定义，还必须赋给具体的值。未赋值的指针变量不能使用。给指针变量所赋的值与给其他变量所赋的值不同，给指针变量的赋值只能赋给地址，而不能赋给任何其他数据，否则将出现错误。C 语言中提供了地址运算符&来表示变量的地址。其一般格式如下。

```
int a;
int *p=&a;
```

（2）先定义指针变量后赋值。例如：

```
int a;
int *p
p=&a;    //此处不需要添加*
```

【例 8.1】从键盘上输入两个数，利用指针的方法将这两个数输出。

```
int main() {
    int pa,pb;                          //声明两个变量
    int *ipointer_pa,*ipointer_pb;      //声明两个指针变量
    scanf("%d,%d",&pa,&pb);             //输入两个数
    ipointer_pa=&pa;                    //将变量 pa 的地址赋给指针变量 ipointer_pa
    ipointer_pb=&pb;                    //将变量 pb 的地址赋给指针变量 ipointer_pb
    printf("*ipointer_pa=%d,*ipointer_pb=%d",*ipointer_pa,*ipointer_pb);
    return 0;
}
```

程序运行结果如图 8-2 所示。

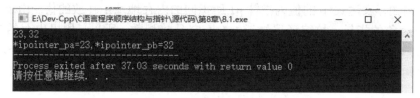

图 8-2　例 8.1 程序运行结果

通过例 8.1 可以发现，程序中采用的赋值方式是先定义后赋值。需要再次强调的是，不允许把一个数赋给指针变量。

8.2.3　有关指针的运算符

C 语言中定义了以下两种用于指针操作的运算符。

（1）地址运算符&：&运算符把对应于某个内存值的表达式作为其操作数，这个操作数通常是一个变量或一个数组引用。操作数写在地址运算符之后，并且必须是一个左值，地址运算会返回该左值的地址。

（2）指针运算符*：也称取值运算符。间接运算符的操作数为指针类型的值，返回该指针所指向的左值，这一操作称为对指针的间接引用。由于间接运算符返回的是一个左值，因此可以赋一个值给间接引用的指针。下面通过例子说明这些运算符的使用。

```
int x,y
int *p1,*p2;
```

这两个声明语句声明了 4 个变量：整型变量 x 和 y，指向整型变量的指针变量 p1 和 p2。假设这些变量在内存中的存放位置如下：整型变量 x 存储在第 2000～2003 字节中，整型变量 y 存储在第 2004～2007 字节中，指针变量 p1 存储在第 2008～2011 字节中，指针变量 p2 存储在第 2012～2015 字节中。各变量的存储情况如图 8-3（a）所示。

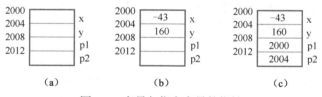

图 8-3　变量与指向变量的指针

下面的赋值语句用于为整型变量 x 和 y 赋值，其存储状态如图 8-3（b）所示。

```
x=-43;
y=160
```

以下语句用于为指针变量赋值。

```
p1=&x;
p2=&y;
```

这里的&x 和&y 均为地址运算，其结果是变量 x 和 y 的内存地址，并把两个变量的内存地址赋给指针变量 p1 和 p2，即把 x 的第 1 字节的地址 2000 和 y 的第 1 字节的地址 2004 分别赋给 p1 和 p2。由于 p1、p2 是指针变量，因此其值是其他变量的地址，可以通过间接运算取得它所指向的变量值，图 8-3（c）形象地指出了这种关系。用间接运算符*可以实现间接运算，例如，表达式*p 的值为指针 p1 所指向的内存地址中存放的值。由于 p1 被声明为指向整型对象的指针，故编译器知道*p1 一定是整型数。所以，如果内存结构如图 8-3 所示，则*p1 可以看作变量 x 的另一种表达方式。与简单变量一样，*p1 是一个左值，故可以用赋值语句赋值。由于 p1 指向变量 x，因此以下的赋值语句相当于为 x 赋值：

```
*p1=17
```

它与下面的语句等价：

```
x=17;
```

赋值以后内存的变化情况如图 8-4（a）所示。可见，对*p1 赋值只是改变了 p1 所指向变量的值，而 p1 的值还是 2000，仍然指向 x，不会发生变化。当然，也可以为指针变量本身赋值，如下面的赋值语句使 p1 的值发生了改变，它指向了变量 y。这种变化如图 8-4（b）所示。

```
p1=p2
```

现在 p1、p2 的值均为 2004，两个指针变量都指向了变量 y。

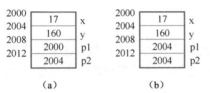

图 8-4　间接运算及指针赋值

通过前面的介绍可知指针变量使用了"&"和"*"两个运算符。运算符&是一个返回操作数地址的单目运算符；运算符*也是单目运算符，称为指针运算符，其作用是返回指定地址中变量的值。

8.2.4　指针操作

1．赋值

可以把一个地址赋给指针。通常使用数组名或地址运算符进行地址赋值。在例 8.2 中，将变量 pa 的地址赋给指针变量 ipointer_pa，该地址是编号为 0028FDF0 的内存单元；变量 ipointer_pb 得到的是变量 pb 的地址。注意，赋值的地址应该和指针类型兼容。

【例 8.2】分析以下程序的运行结果。

```
int main() {
    int pa,pb;                              //声明两个变量
    int *ipointer_pa,*ipointer_pb;          //声明两个指针变量
    scanf("%d,%d",&pa,&pb);                 //输入两个数
    ipointer_pa=&pa;         //将变量 pa 的地址赋给指针变量 ipointer_pa
    ipointer_pb=&pb;         //将变量 pb 的地址赋给指针变量 ipointer_pb
    printf("*ipointer_pa=%d,*ipointer_pb=%d\n",*ipointer_pa,*ipointer_pb);
                             //指针指向的值
    printf("ipointer_pa=%p,ipointer_pb=%p\n",ipointer_pa,ipointer_pb);
                             //指针的值
    printf("&ipointer_pa=%p,&ipointer_pb=%p\n",&ipointer_pa,&ipointer_pb);
                             //指针的地址
    return 0;
}
```

程序运行结果如图 8-5 所示。

指针 第 8 章

```
300, 100
*ipointer_pa=300,*ipointer_pb=100
ipointer_pa=000000000062FE4C,ipointer_pb=000000000062FE48
&ipointer_pa=000000000062FE40,&ipointer_pb=000000000062FE38
--------------------------------
Process exited after 8.379 seconds with return value 0
请按任意键继续. . .
```

图 8-5 例 8.2 程序运行结果

从例 8.2 可以看出指针变量与其他变量一样，也有数值和地址。使用地址运算符可以得到指针变量的地址。其中 ipointer_pa 的地址为 0000000000062FE40，该单元的内容为 0000000000062FE4C，同样，ipointer_pb 的地址为 0000000000062FE38，该单元的内容为 0000000000062FE48。

2. 指针自增自减运算

指针的自增自减运算不同于普通变量的自增自减运算，普通变量就是简单地加 1 或者减 1。这里通过例 8.3 进行具体分析。

【例 8.3】整型变量地址的输出。

```c
int main() {
    int pa,pb;                          //声明两个变量
    int *ipointer_pa;                   //声明两个指针变量
    printf("please input the number:\n");
    scanf("%d",&pa);                    //输入两个数
    ipointer_pa=&pa;                    //将变量 pa 的地址赋给指针变量 ipointer_pa
    printf("result1 ipointer_pa=%p\n",ipointer_pa);  //指针的值
    ipointer_pa++;
    printf("result2 ipointer_pa=%p\n",ipointer_pa);  //指针的值
    return 0;
}
```

程序运行结果如图 8-6 所示。

图 8-6 例 8.3 程序运行结果

下面将例 8.3 改成例 8.4 所示内容。

【例 8.4】短整型变量地址的输出。

```c
int main() {
    short pa;                           //声明一个变量
    short *ipointer_pa;                 //声明一个指针变量
    printf("please input the number:\n");
```

```
        scanf("%d",&pa);              //输入
        ipointer_pa=&pa;              //将变量 pa 的地址赋给指针变量 ipointer_pa
        printf("result1 ipointer_pa=%p\n",ipointer_pa); //指针的值
        ipointer_pa++;
        printf("result2 ipointer_pa=%p\n",ipointer_pa); //指针的值
        return 0;
    }
```

程序运行结果如图 8-7 所示。

图 8-7　例 8.4 程序运行结果

整型变量 pa 在内存中占 4 字节，指针 ipointer_pa 是指向变量 pa 的地址，这里的 ipointer_pa++不是简单地在地址上加 1，而是指向下一个存放基本整型数的地址。图 8-6 所示的结果是因为变量 pa 是基本整型，所以执行 ipointer_pa 后，ipointer_pa 的值增加 4（4 字节）；图 8-7 所示的结果是因为 pa 被定义为短整型，所以执行 ipointer_pa 后，ipointer_pa 的值增加了 2（2 字节）。

指针都是按照它所指向数据类型的直接长度进行增加或减少的。可以将例 8.3 和例 8.4 分别用图 8-8（a）和 8-8（b）进行表示。

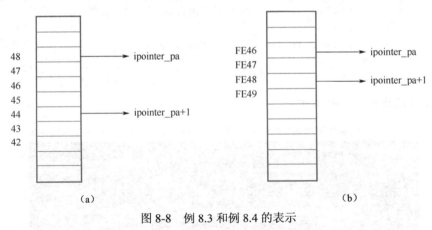

图 8-8　例 8.3 和例 8.4 的表示

8.3　数组与指针

指针提供了一种使用地址的符号方法。由于计算机的硬件指令很大程度上依赖于地址，所以指针使程序能够以类似于计算机底层的表达方式来表达自己的意愿，可以更高效地工作。使用指针能够有效地处理数组。系统需要提供一定量连续的内存来存储数组中的各元

素，内存都有地址，指针变量就是存放地址的变量，如果把数组的地址赋给指针变量，就可以通过指针变量来引用数组。

8.3.1 通过指针操作一维数组

当定义一个一维数组时，系统会在内存中为数组分配一个存储空间，其数组的名称就是数组在内存中的首地址。如果 pa 是一个数组，那么下面的语句就是正确的。

```
int pa[10];
pa=&pa[0];
```

等号两端的表达式都代表数组中首元素的地址。这两个表达式都是常量，在程序运行时它们保持不变。如果设置一个指针变量，并且将数组的首地址赋给该指针变量，那么对这个指针变量的运算就可以操作数组中的元素。例如：

```
int ipointer_pa,pa[10];
ipointer_pa =pa;
```

这里的 pa 是数组名称，即数组的首地址，将它赋给指针变量 **ipointer_pa**，也就是将数组 pa 的首地址赋给 **ipointer_pa**。当然，也可以这样写：

```
int ipointer_pa,pa[10];
ipointer_pa =&pa[0];
```

上述语句用于将数组 pa 中的首个元素的地址赋给指针 ipointer_pa，由于 a[0]的地址就是数组的首地址，因此两个赋值操作的效果是完全一样的。

【例 8.5】数组首地址的输出。

```
int main() {
    int pa[5]={10,20,3,20,2};      //声明 pa 数组
    printf("pa=%d\n&pa[0]=%d",pa,&pa[0]);
    return 0;
}
```

程序运行结果如图 8-9 所示。

```
pa=6487600
&pa[0]=6487600
--------------------------------
Process exited after 0.2013 seconds with return value 0
请按任意键继续. . .
```

图 8-9　例 8.5 程序运行结果

通过图 8-9 可知，数组 pa 的首地址可以用数组名 pa 表示，也可以用&pa[0]表示。下面通过例 8.6，使读者理解指针与数组元素的关系。

【例 8.6】输出数组中的元素。

```
int main() {
    int pa[5],pb[5],i;                //声明数组
    int *ipointer_pa,*ipointer_pb;    //声明两个指针变量
```

```
            ipointer_pa=&pa[0];              //将数组 pa 的首地址赋给 ipointer_pa
            ipointer_pb=pb;                  //将数组 pb 的首地址赋给 ipointer_pb
            printf("please input array pa:\n");
            for(i=0;i<5;i++)
            {
                scanf("%d",&pa[i]);
            }
            printf("please input array pb:\n");
            for(i=0;i<5;i++)
            {
                scanf("%d",&pb[i]);
            }
            printf("array pa is:\n");
            for(i=0;i<5;i++)
                printf("%5d",*(ipointer_pa+i));
            printf("\narray pb is:\n");
            for(i=0;i<5;i++)
                printf("%5d",*(ipointer_pb+i));
            printf("\n");
            return 0;
        }
```

程序运行结果如图 8-10 所示。

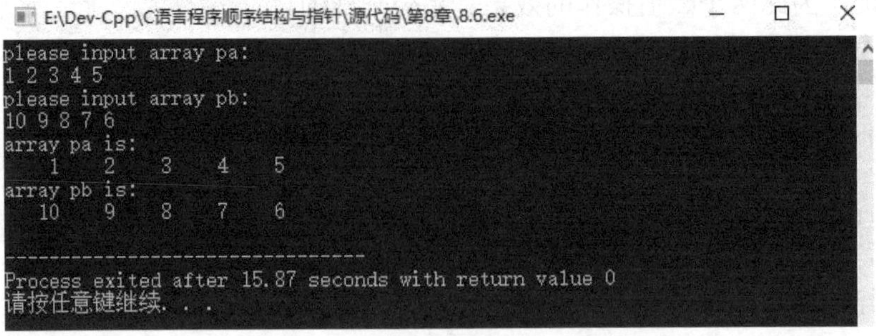

图 8-10 例 8.6 程序运行结果

例 8.6 中有两个语句为

```
    ipointer_pa=&pa[0];
    ipointer_pb=pb;
```

这两个语句都是将数组的首地址赋给指针变量，ipointer_pa=&pa[0];语句用于将数组 pa 的首地址赋给 ipointer_pa，ipointer_pb=pb;语句用于将数组 pb 的首地址赋给指针变量 ipointer_pb。

例 8.6 中遍历数组元素的方式和之前章节中介绍的方式有所不一样，该例是通过指针的方式遍历数组元素的，那么指针是如何遍历数组元素的呢？下面进行具体分析。

```
        int pa[5],pb[5],i;                   //声明 pa、pb 数组
        int *ipointer_pa,*ipointer_pb;       //声明两个指针变量
        ipointer_pa=&pa[0];                  //将数组 pa 的首地址赋给 ipointer_pa
        ipointer_pb=pb;                      //将数组 pb 的首地址赋给 ipointer_pb
```

针对上述语句,将通过以下几方面进行介绍。

(1)由于把数组名赋给指针变量(该指针变量所指向的数据类型与数组元素的数据类型要一致),该指针指向了数组中的第一个元素。对指针加 1 的结果是对该指针增加 1 个存储单元。对于数组而言,地址会增加到下一个元素的地址,而不是增加到下 1 字节。所以有下面的规律:

ipointer_pa+n=&pa[n],等号两端的表达式为相同的地址。

*(ipointer_pa+n)=pa[n],等号两端的表达式为相同的值。

这些说明了数组和指针之间的密切关系:可以用指针标识数组中的每一个元素,并得到每个元素的值,即对同一个对象有两种不同的符号表示方法。

(2)通过图 8-11 和图 8-12 可清楚地表示使用指针遍历一维数组的过程。

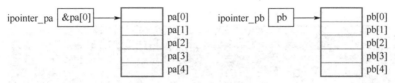

图 8-11　指针指向一维数组

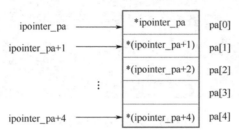

图 8-12　指针遍历数组

通过上述分析可知 ipointer_pa+n 表示数组 pa[n]的地址,即&pa[n]。对于整个 pa 数组来说,共有 5 个元素,n 的取值为 0~4,则数组元素的地址可以表示为 ipointer_pa+0~ipointer_pa+4,如图 8-12 所示。

数组中的元素用到了前面介绍的数组元素的地址,用*(ipointer_pa+n)来表示数组中的元素。故例 8.6 中的语句为

```
for(i=0;i<5;i++)
    printf("%5d",*(ipointer_pa+i));
    printf("\narray pb is:\n");
for(i=0;i<5;i++)
    printf("%5d",*(ipointer_pb+i));
```

这里用 ipointer_pa+n 表示数组 pa[n]的地址,其实 pa+n 也可以表示 pa[n]的地址,即使用*(pa+n)表示数组的元素。故例 8.5 中的语句可以改为

```
for(i=0;i<5;i++)
    printf("%5d",*(pa+i));
    printf("\narray pb is:\n");
for(i=0;i<5;i++)
    printf("%5d",*(pb+i));
```

语句修改后,程序运行结果与例 8.6 的运行结果一样。

【例8.7】输出一年中每月的天数。

```c
int main() {
    int days[12]={31,28,31,30,31,30,31,31,30,31,30,31};
    int i;
    for(i=0;i<12;i++)
    {
      printf("month %2d has %d days.\n",i+1,*(days+i));
    }
    return 0;
}
```

程序运行结果如图8-13所示。

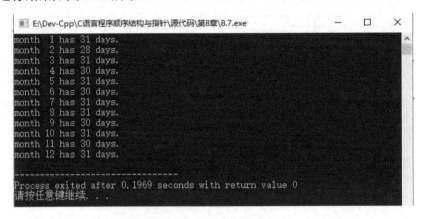

图8-13　例8.7程序运行结果

其实，表示指针的移动也可以使用"++"和"--"两个运算符。可将例8.7的代码改成例8.8。

【例8.8】++运算符在指针中的使用。

```c
int main() {
    int days[12]={31,28,31,30,31,30,31,31,30,31,30,31};
    int i,*ptr;
    ptr=days;
    for(i=0;i<12;i++)
    {
      printf("month %2d has %d days.\n",i+1,*ptr++);
    }
    return 0;
}
```

程序运行结果如图8-14所示。

这里先声明一个指向整型变量的指针，再将数组的首元素地址赋给指针变量，后面的处理都是对指针变量进行的。*ptr++中由于*和++的优先级相同，且结合方向为自右至左，因此其作用与*(ptr ++)相同，即取出数组元素days[0]的值，指针变量ptr再自增1，指向下一个元素。

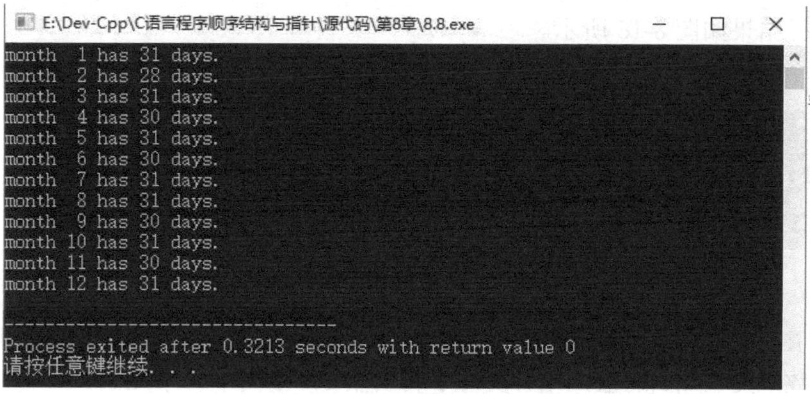

图 8-14 例 8.8 程序运行结果

指针运算中有一些细节需要注意，如例 8.9 所示。

【例 8.9】指针运算 p++。

```
int main() {
    int a[5]={1,2,3,4,5};
    int *p,i;
    p=a;
    printf("p++:");
    for(i=0;i<5;i++)
        printf("%d   ",p++);
        printf("\n");
    return 0;
}
```

程序运行结果如图 8-15 所示。

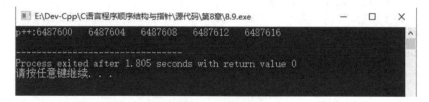

图 8-15 例 8.9 程序运行结果

例 8.9 中 p++ 运算后，p 会指向下一个数组元组，即 a[1]。

【例 8.10】指针运算 *p++。

```
int main() {
    int a[5]={1,2,3,4,5};
    int *p,i;
    p=a;
    printf("*p++:");
    for(i=0;i<5;i++)
        printf("%d   ",*p++);
        printf("\n");
    return 0;
}
```

程序运行结果如图 8-16 所示。

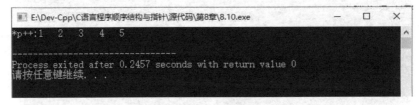

图 8-16　例 8.10 程序运行结果

*p++ 中由于 * 和 ++ 的优先级相同，且结合方向为自右至左，因此其作用与 *(p++) 相同，即取出数组元素 a[0] 的值，指针变量 p 再自增 1，指向下一个元素。

【例 8.11】指针运算 *(p++)。

```
int main() {
    int a[5]={1,2,3,4,5};
    int *p,i;
    p=a;
    printf("\n*(p++):");
    for(i=0;i<5;i++)
        printf("%d  ",*(p++));
        printf("\n");
    return 0;
}
```

程序运行结果和例 8.10 一样。

【例 8.12】指针运算 *(++p)。

```
int main() {
    int a[5]={1,2,3,4,5};
    int *p,i;
    p=a;
    printf("\n*(++p):");
    for(i=0;i<4;i++)
        printf("%d  ",*(++p));
        printf("\n");
    return 0;
}
```

程序运行结果如图 8-17 所示。

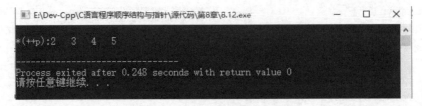

图 8-17　例 8.12 程序运行结果

(++p) 的意思是先对 p 做一次自增运算再取出它所指向变量的值。例如，p 的初始值为 a，(++p) 表示取出数组元素 a[1] 的值。

【例8.13】指针运算*(p)++。

```
int main() {
    int a[5]={1,2,3,4,5};
    int *p,i;
    p=a;
    printf("\n*(p)++:");
    for(i=0;i<5;i++)
        printf("%d  ",*(p)++);
    printf("\n");
    return 0;
}
```

程序运行结果如图8-18所示。

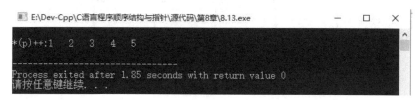

图8-18　例8.13程序运行结果

例8.13中的*(p)++表示取出p指向的元素的值，该值再自增1。例如，p的初始值为a，则*(p)++相当于(a[0])++。这里是元素的值加1而不是指针的值加1。

8.3.2　通过指针操作二维数组

假设定义一个3行5列的二维数组：

```
int a[3][5]={{1,2,3,4,5},{6,7,8,9,10},{11,12,13,14,15}};
```

其在内存中的存储形式如图8-19所示。

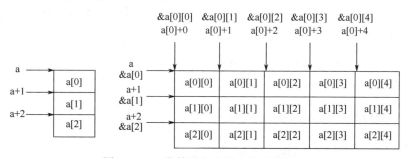

图8-19　二维数组在内存中的存储形式

可以看到几种表示二维数组中元素地址的方法，下面逐一进行介绍。我们已经知道，二维数组相当于每一个元素是另外一个一维数组的数组。数组名a是数组中的第一个元素的地址，数组a中，a的第一个元素是a[0]，所以a与&a[0]含义相同。此外，a[0]本身也是数组名，是包含5个整数的数组，因此a[0]是由一个整数（a[0][0]）组成的对象的地址，而数组名a是由3个整数组成的数组对象（a[0]）的地址。所以可得出以下结论。

（1）&a[0][0]既可以看作0行0列的首地址，又可以看作二维数组的首地址。&[m][n]

就是第 m 行第 n 列元素的地址。

（2）a[0]+n 表示第 0 行第 n 个元素的地址。

（3）a+n 表示第 n 行第 0 个元素的地址。

对一个指针取值，得到的是该指针指向对象的值。因为 a[0]是其首元素 a[0][0]的地址，所以*(a[0])代表 a[0][0]中存储的内容，即一个整型数。同样的，*a 是首元素 a[0]的值，而 a[0]又是一个整型数的地址，即&(a[0][0])，所以*a 和&(a[0][0])等价的，对这两个表示同时做取值运算得到**a 与*&(a[0][0])等价，都表示元素 a[0][0]的数值。总之，a 是地址的地址，需要两次取值运算才能得到通常意义上的值。同理，a[1]与*（a+1）等价，a[1]是数组 a 的第 2 个元素的值，如图 8-20 所示。

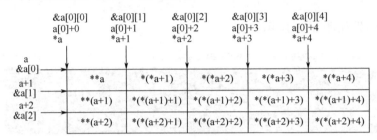

图 8-20 二维数组的指针示例

【例 8.14】使用指针对二维数组进行输入和输出。

```
int main() {
    int pa[3][5],i,j;                   //声明两个变量
    int *ipointer_pa;
    printf("please input:\n");
    for(i=0;i<3;i++)
    {
        for(j=0;j<5;j++)
        {
            scanf("%d",pa[i]+j);        //为二维数组 pa 赋初值
        }
    }
    printf("the array is:\n");
    for(i=0;i<3;i++)
    {
        for(j=0;j<5;j++)
        {
            printf("%3d",*(pa[i]+j));
        }
        printf("\n");
    }
    return 0;
}
```

程序运行结果如图 8-21 所示。

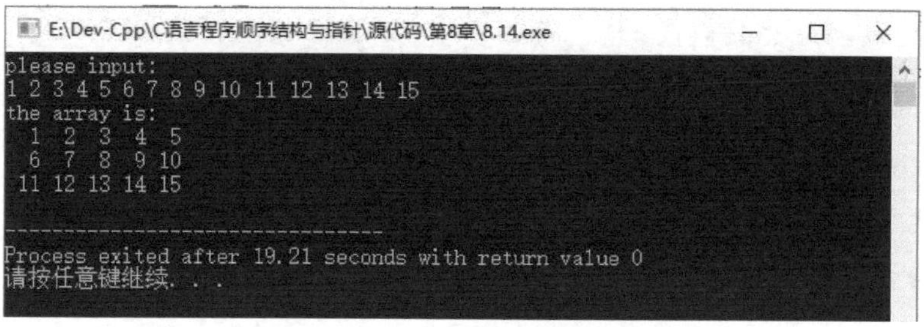

图 8-21 例 8.14 程序运行结果

通过例 8.14 可以看到下面的代码行：

```
for(i=0;i<3;i++)
{
    for(j=0;j<5;j++)
    {
        scanf("%d",pa[i]+j);          //为二维数组 pa 赋初值
    }
}
```

本例中为数组赋值使用了 scanf("%d",pa[i]+j)，经过前面的分析相信读者已经知道这样写的原因了。

同样的，输出数组的方式与以前的写法也有一些差别，本例中的写法是

```
for(i=0;i<3;i++)
{
    for(j=0;j<5;j++)
    {
        printf("%3d",*(pa[i]+j));
    }
    printf("\n");
}
```

经过分析可知 pa[i][j] 和 *(pa[i]+j) 是等价的。

现将例 8.14 的代码改成如下形式。

```
int main() {
    int pa[3][5],i,j;                 //声明两个变量
    int *ipointer_pa;
    ipointer_pa=pa;                    //ipointer_pa 为第一个元素的地址
    printf("please input:\n");
    for(i=0;i<3;i++)
    {
        for(j=0;j<5;j++)
        {
            scanf("%d",ipointer_pa++);  //为二维数组 pa 赋初值
        }
    }
    ipointer_pa=pa;
    printf("the array is:\n");
```

```
        for(i=0;i<3;i++)
        {
            for(j=0;j<5;j++)
            {
                printf("%3d",*ipointer_pa++);
            }
            printf("\n");
        }
        return 0;
    }
```

程序运行结果如图 8-22 所示。

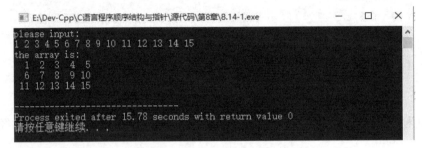

图 8-22 程序运行结果

从结果可以看出与例 8.14 的运行结果一致，其中不同的代码有两处：

```
    ipointer_pa=pa;                          //ipointer_pa 为第一个元素的地址
    printf("please input:\n");
    for(i=0;i<3;i++)
    {
        for(j=0;j<5;j++)
        {
            scanf("%d",ipointer_pa++);       //为二维数组 pa 赋初值
        }
    }
```

该代码块中，指针变量 ipointer_pa 获得二维数组第一个元素的地址，即 ipointer_pa=pa，通过前面的分析也可以写为 ipointer_pa=pa[0]或者 ipointer_pa=&pa[0][0]；为二维数组 pa 赋初值的时候使用了 ipointer_pa++，通过前面的分析可以知道 ipointer_pa++与 pa[i]+j 等价。

输出二维数组 pa 的代码块如下。

```
    for(i=0;i<3;i++)
    {
        for(j=0;j<5;j++)
        {
            printf("%3d",*ipointer_pa++);
        }
        printf("\n");
    }
```

该代码块中使用*ipointer_pa++进行输出，通过前面的分析可以知道*ipointer_pa++与

*(a[i]+j)等价。

8.3.3 通过指针操作字符串

C 语言只有字符串常量没有字符串变量，C 语言是用字符类型数组来存储变量的。同时，数组名代表字符串的首地址，即任何指向字符串第一个元素的指针都可以代表字符串。

由于指针变量可以对数组（整型、实型数组）进行操作，同样，使用一个指向字符串的指针变量可实现字符数组的操作，是字符串操作的另一个方式。

【例 8.15】使用字符串指针输出字符串。

```
int main() {
    char pa_str[8];
    char *pa;
    pa=pa_str;
    gets(pa_str);
    printf("%s\n",pa);
    return 0;
}
```

程序运行结果如图 8-23 所示。

图 8-23　例 8.15 程序运行结果

使用字符数组和字符指针变量都可实现字符串的存储和运算。但是两者是有区别的。在使用时应注意以下几个问题。

（1）字符串指针变量本身是一个变量，用于存放字符串的首地址。而字符串本身是存放在以首地址为首的一块连续的内存空间中并以'\0'作为串的结束标志。字符数组是由若干个数组元素组成的，它可用来存放整个字符串。

（2）对字符数组进行初始化赋值时，必须采用外部类型或静态类型，如 static char st[]={"C Language"};，而对字符串指针变量则无此限制，如 char *ps="C Language";。

（3）字符串指针方式 char *ps="C Language";可以写为 char *ps; ps="C Language";。而对于数组方式，语句

```
    static char st[]={"C Language"};/*char=st[]="C Language "也是可以的, 大括号可以去除*/
```

不能写为

```
    char st[20];st={"C Language"};//可以省略大括号
```

因为这样相当于为指针常量 st 赋值，这是不成立的，而只能对字符数组中的各元素进行赋值。

【例 8.16】将字符串 a 复制到字符串 b 中。

```c
int main() {
    char pa_str[]="This is a string",pb_str[30],*pa,*pb;
    pa=pa_str;
    pb=pb_str;
    while(*pa!='\0')
    {
        *pb=*pa;
        pa++;
        pb++;
    }
    *pb='\0';
    printf("Now the stringpb is:\n");
    puts(pb_str);
    return 0;
}
```

程序运行结果如图 8-24 所示。

图 8-24　例 8.16 程序运行结果

8.4　指针与函数

8.4.1　指针变量作为函数参数

C 语言中指针最常见的应用之一是作为函数的参数在函数间交互。把一个简单变量从一个函数传递到另一个函数时,在函数语句中给参数赋一个新值(形式参数),只会影响到这个调用的形式参数,不会影响实际参数。函数参数一般使用整型变量、实型变量、字符型变量、数组名和数组元素等。其实,指针变量也可以作为函数参数,这里具体进行介绍。

【例 8.17】使用函数把一个变量初始化为 0。

```c
void setx(int var)
{
    var=0;
}
int main() {
    int x=5;
    setx(x);
```

```
        printf("x=%d\n",x);
        return 0;
}
```

程序运行结果如图 8-25 所示。

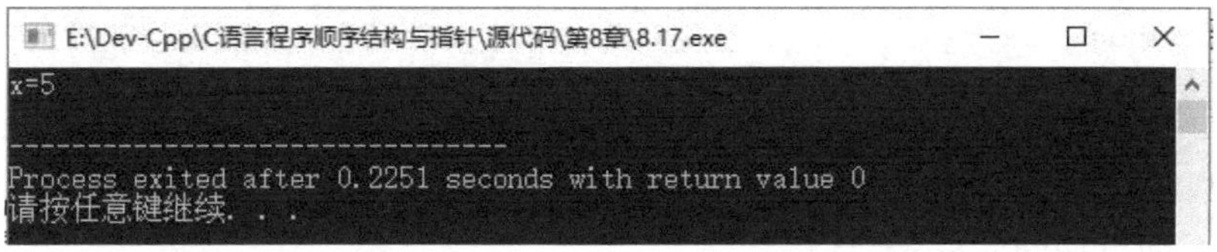

图 8-25　例 8.17 程序运行结果

从例 8.17 可以知道，实际上该函数不起任何作用。函数只是把形参初始化为 0，但主调函数中 x 的值是不会改变的。函数调用中发生的数据传递是单向的，只能把实参的值传递给形参，在函数调用过程中，形参的值会发生改变，实参的值不会发生改变，因此 change 函数不能实现变量的初始化。解决这个问题的方法就是向函数传递指向变量的指针，而不是传递变量本身。修改后的代码如下。

```
void setx(int *pointer_x)
{
    *pointer_x=0;
}
int main() {
    int x=5;
    setx(&x);
    printf("x=%d\n",x);
    return 0;
}
```

程序运行结果如图 8-26 所示。

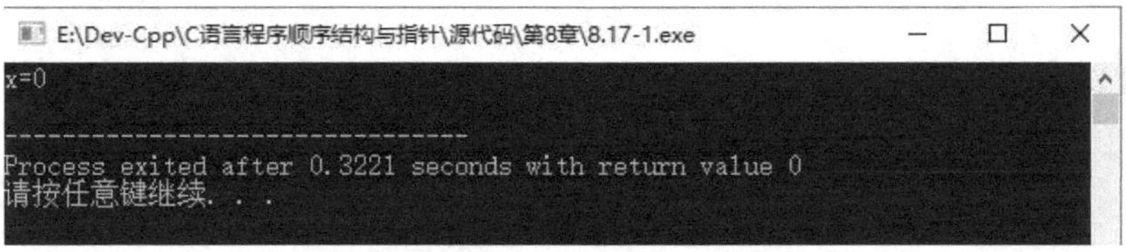

图 8-26　修改后的程序运行结果

【例 8.18】使用函数交换两个变量的值。

```
void change(int *pointer_x,int *pointer_y)
{
    int temp;
    temp=*pointer_x;
    *pointer_x=*pointer_y;
    *pointer_y=temp;
}
int main() {
    int x,y;
```

```
    int *px,*py;
    printf("input:\n");
    scanf("%d%d",&x,&y);
    px=&x;
    py=&y;
    change (px,py);
    printf("x=%d\ny=%d\n",x,y);
    return 0;
}
```

程序运行结果如图 8-27 所示。

图 8-27　例 8.18 程序运行结果

change 函数是一个自定义函数，在主函数中调用 change 函数交换变量 x 和 y 的值，change 函数中的各个形参被传入了两个地址值，即两个指针变量。由于被调函数的形参是内存地址，对这些地址单元中存储内容的改变就是对主调函数中实际参数值的改变。从例 8.18 可以看出，尽管 change 函数的调用只对局部变量进行了操作，但是通过使用指针，该函数可以操作主函数中的变量的值。change 函数中是以间接运算方式对形参进行处理的。其交换过程如图 8-28 所示。

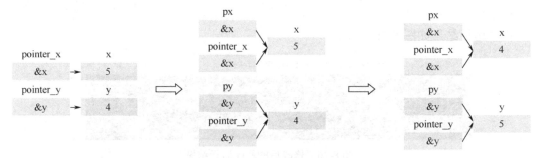

图 8-28　交换过程

将 change 函数改为例 8.19 所示的形式。

【例 8.19】使用函数交换两个变量的值——交换失败

```
    void change(int pointer_x,int pointer_y)
    {
        int temp;
        temp=pointer_x;
        pointer_x=pointer_y;
        pointer_y=temp;
    }
    int main() {
```

```
    int x,y;
    printf("input x,y:\n");
    scanf("%d%d",&x,&y);
    change(x,y);
    printf("x=%d\ny=%d\n",x,y);
    return 0;
}
```

程序运行结果如图 8-29 所示。

图 8-29　例 8.19 程序运行结果

从例 8.19 可以看出程序并没有交换 x 和 y 的值，其和例 8.17 一样涉及值传递问题。变量未交换过程如图 8-30 所示。

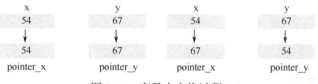

图 8-30　变量未交换过程

同样，将 change 函数改为如下代码也无法实现变量的交换。

```
void change(int *pointer_x,int *pointer_y)
{
    int *temp;
    temp=pointer_x;
    pointer_x=pointer_y;
    pointer_y=temp;
}
```

*pointer_x 就是 x，是整型变量；而*temp 是指针变量 temp 所指向的变量。但由于未给 temp 赋值，因此 temp 中并无确定的值（它的值是不可预见的），temp 所指向的单元也是不可预见的。所以，对*temp 赋值就是为一个未知的存储单元赋值，而这个未知的存储单元中可能存储着一个有用的数据，这样就有可能破坏系统的正常工作。

前面介绍了指向数组的指针变量的定义和使用，下面将介绍如何使用指向数组的指针变量作为函数参数。

【例 8.20】数组指针变量作为函数参数——输入 8 个数字，计算这 8 个数字中的奇数之和。

```
void sumodd(int *pointer_x)
{
    int i,sum=0;
```

```c
        printf("the odd:\n");
        for(i=0;i<8;i++)
        {
            if(*(pointer_x+i)%2!=0)
            {
                printf("%3d",*(pointer_x+i));
                sum+=*(pointer_x+i);
            }
        }
        printf("\n");
        printf("sum:%d\n",sum);
}
int main()
{
    int *p,x[8],i;
    p=x;
    printf("input:\n");
    for(i=0;i<8;i++)
    {
        scanf("%d",&x[i]);
    }
    sumodd(p);
    return 0;
}
```

程序运行结果如图 8-31 所示。

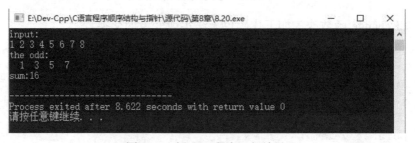

图 8-31　例 8.20 程序运行结果

例 8.20 定义的函数 sumodd 使用了指针变量作为形参，在 main 函数中，实参 p 是指向数组 x 的指针，被调函数 sumodd 中的形参 pointer_x 得到 p 的值，指向了内存中存放的数组。需要注意的是，如果用指针变量作为实参，则必须先使指针变量有确定值，再指向一个已定义的对象。

例 8.20 使用数组指针变量作为函数参数计算奇数之和，现在通过数组指针变量作为函数参数进行数据的排序，这里列举 3 种排序方式，即冒泡排序、插入排序、选择排序它们是 C 语言中比较经典的排序算法，其余的排序方式放于本书源代码中。

冒泡排序的运行过程如下。

（1）比较相邻的元素，如果第一个比第二个大，则进行交换。

（2）对每一对相邻元素做同样的操作，从第一对到最后一对，最后的元素应该是最大的数字。

（3）针对所有元素重复以上步骤，除最后一个元素。

（4）持续对越来越少的元素重复以上步骤，直到没有任何一对数字需要进行比较为止。

【例 8.21】冒泡排序。

```
/*--------------------冒泡排序--------------------*/
void bubleSort(int *p, int n) {
    int i,j,temp;
    //两个 for 循环，每次取出一个元素和数组的其他元素进行比较
    //将最大的元素排在最后
    for(j=0;j<n-1;j++) {
        /*外循环一次，即排好一个数，并放在后面，所以比较前面 n-j-1 个元素即可*/
        for(i=0;i<n-j-1;i++) {
            if(*(p+i)>*(p+i+1)) {
                temp = *(p+i);
                *(p+i) = *(p+i+1);
                *(p+i+1) = temp;
            }
        }
    }
    printf("排序后的数组：\n");
    for(i=0;i<n;i++)
    {
        if(i%5==0)
            printf("\n");
        printf("%5d",*(p+i));
    }
printf("\n");
}
int main()
{
    int a[20],i,n;
    printf("输入数组元素的个数：\n");
    scanf("%d",&n);
    printf("输出数组的元素\n");
    for(i=0;i<n;i++)
    {
        scanf("%d",a+i);
    }
    bubleSort(a,n);
}
```

程序运行结果如图 8-32 所示。

插入排序的原理很简单：将一组数据分成两组，分别将其称为有序组与待插入组；每次从待插入组中取出一个元素，与有序组的元素进行比较，找到合适的位置，并将该元素插入到有序组中；这样，每次插入一个元素，有序组中元素增加，待插入组中元素减少，直到待插入组元素个数为 0 时停止。当然，插入过程中涉及了元素的移动。

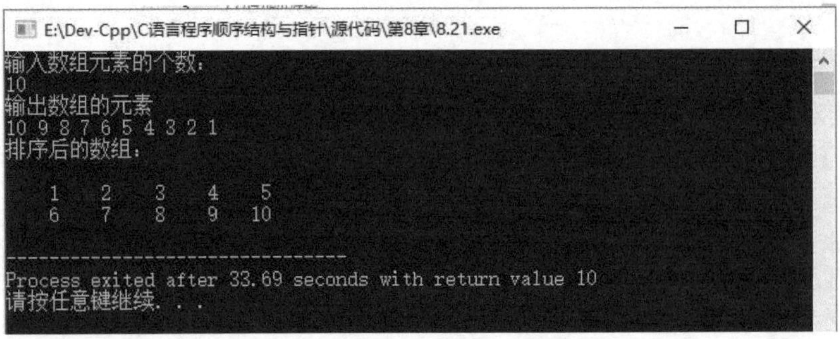

图 8-32　例 8.21 程序运行结果

【例 8.21-1】 插入排序。

```c
/*----------------------插入排序----------------------*/
void bInsertSort(int *p, int n) {
    int low,high,mid;
    int temp,i,j;
    for(i=1;i<n;i++) {
        low = 0;
        //把a[i]元素插入到a[0-(i-1)]中
        temp =*(p+i);
        high = i-1;
        //while 语句用于折半,缩小a[i]的范围(优化手段)
        while(low <= high) {
            mid = (low+high)/2;
            if(*(p+mid) > temp) {
                high = mid-1;
            }
            else {
                low = mid+1;
            }
        }
        j = i;
        // data 与已经排序好数组中的各个元素进行比较,小的元素放在前面
        while((j > low) && *(p+j-1) > temp) {
            *(p+j) = *(p+j-1);
            --j;
        }
        *(p+low) = temp;
    }
    printf("排序后的数组:\n");
    for(i=0;i<n;i++)
    {
        if(i%5==0)
            printf("\n");
        printf("%5d",*(p+i));
    }
    printf("\n");
```

```
    }
    int main()
    {
        int a[20],i,n;
        printf("输入数组元素的个数：\n");
        scanf("%d",&n);
        printf("输出数组的元素\n");
        for(i=0;i<n;i++)
        {
            scanf("%d",a+i);
        }
        bInsertSort(a,n);
    }
```

程序运行结果如图 8-33 所示。

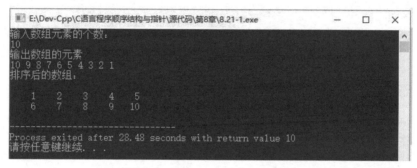

图 8-33　例 8.21-1 程序运行结果

选择排序的基本过程：第 1 趟，在待排序记录 r[1]～r[n]中选出最小的记录，将它与 r[1]交换；第 2 趟，在待排序记录 r[2]～r[n]中选出最小的记录，将它与 r[2]交换；以此类推，第 i 趟在待排序记录 r[i]～r[n]中选出最小的记录，将它与 r[i]交换，使有序序列不断增长直到全部排序完毕为止。

【例 8.21-2】选择排序。

```
    /*--------------------选择排序--------------------*/
    void selectSort(int *p, int n) {
        int i,j,mix,temp;
        //每次循环数组，找出最小的元素，并放在前面，前面的元素即为排好序的元素
        for(i=0;i<n-1;i++) {
            //假设最小元素的下标
            int mix = i;
            //将假设的最小元素与数组中的各元素进行比较，交换出最小元素的下标
            for(j=i+1;j<n;j++) {
                if(*(p+j) < *(p+mix)) {
                    mix = j;
                }
            }
            //若数组中真的有比假设元素还小的值，则交换两个元素
            if(i != mix) {
```

```
            temp = *(p+i);
            *(p+i)= *(p+mix);
            *(p+mix)= temp;
        }
    }

    printf("排序后的数组：\n");
    for(i=0;i<n;i++)
    {
        if(i%5==0)
            printf("\n");
        printf("%5d",*(p+i));
    }
    printf("\n");
}
int main()
{
    int a[20],i,n;
    printf("输入数组元素的个数：\n");
    scanf("%d",&n);
    printf("输出数组的元素\n");
    for(i=0;i<n;i++)
    {
        scanf("%d",a+i);
    }
    selectSort(a,n);
}
```

程序运行结果如图 8-34 所示。

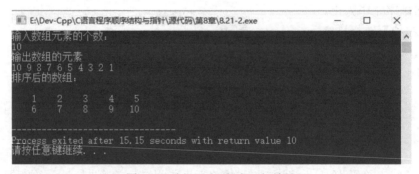

图 8-34 例 8.21-2 程序运行结果

8.4.2 返回指针值的函数

比较容易混淆的概念是指针函数、函数指针返回指针值的函数。下面将对这 3 个概念进行讲解。指针函数就是返回值为指针的函数，其本质上是同一事物，只是叫法不同。函数指针就是一个指向函数的指针，本质上是一个指针，只是这个指针指向的对象是函数，而不是一般意义上的存储对象,所以指针函数等价于"返回值为指针的函数"。

指针函数的定义格式如下:

函数类型*函数名([参数列表])

指针函数的使用和一般函数的使用相同,但需注意返回值问题。对于一个返回值为指针的函数,不能返回 auto 型局部变量的地址,但可返回 static 型变量的地址。这是因为 auto 型变量的生存期很短,当函数返回时,auto 型变量的内存空间将被释放,如果返回值是 auto 型变量,那么这个返回指针将无效,而变成野指针。static 类型变量占用的内存空间不会因为函数返回而被释放,不会出现野指针情况。常用的返回指针有以下几种。

(1) 函数中动态分配内存空间(通过 malloc 等实现)的首地址。
(2) 静态变量或全局变量所对应变量的首地址。
(3) 通过指针形参所获得实参的有效地址。

【例 8.22】编写一个函数,将阿拉伯数字表示的月份转换为对应的英文名称。

```c
char *cmonth(int month);//函数声明
int main()
{
    int i;
    printf("输入月份数字:");
    scanf("%d",&i);  //输入月份
    printf("月份:%2d-->英文名称:%s\n",i,cmonth(i));
    system("pause");
    return 0;
}
char *cmonth(int month)//自定义函数
{
    char *str_month[]={//初始化
                "Illegal Month",
                "January",
                "February",
                "March",
                "April",
                "May",
                "June",
                "July",
                "August",
                "September",
                "October",
                "November",
                "December"
                };
    char *p;
    if(month>=1 && month<=12)          //判断是否合法
        p=str_month[month];
    else
        p=str_month[0];
    return p;
}
```

程序运行结果如图 8-35 所示。

图 8-35　例 8.22 程序运行结果

在例 8.22 中定义了函数 cmonth()，该函数需要一个整型变量作为实参，返回一个字符型指针。首先，在函数体内部定义了指针数组，数组中的每个指针指向一个字符串常量；其次，判断实参 month 是否合法，若不合法，则将第一个元素赋给字符指针变量 p，这样，指针变量 p 中的值就与指针数组中第一个元素的值相同，即指向字符串常量"Illegal Month"；最后，当函数参数 month 为 1～12 中的一个值时，即可使字符指针指向对应的字符串常量（变量 p 中保存的值是一个地址）。

在 main 函数中，printf 函数输出列表中包括 cmonth 函数的返回值（其返回值是一个字符串的首地址），printf 函数的格式字符"%s"表示从首地址开始输出字符串。

习　题　8

一、填空题

1. 变量的指针是指该变量的_____。
2. 若有定义和语句：int a[4]={1,2,3,4}，*p; p=&a[2];，则*--p 的值是_____。
3. 若有定义和语句：int a[2][3]={0}, (*p)[3];　p=a;，则 p+1 表示数组_____。
4. 若有定义和语句：int a[]={1,2,3,4,5,6,7,8,9,10,11,12}, *p[3], m;，则以下程序的运行结果是_____。

```
for ( m=0; m<3; m++) p[m]=&a[m*4];
printf("%d\n", p[2][2]);
```

5. 以下程序段的运行结果是_____。

```
char s[80],*t="EXAMPLE";
t=strcpy(s,t);
 s[0]='e';
 puts(t);
```

二、选择题

1. 以下程序的运行结果是（　　）。

```
void sub (int x,int y,int *z)
{
    *z=y-x;
}
main()
```

```
{
    int a,b,c;
    sub(10,5,&a);
    sub(7,a,&b);
    sub(a,b,&c);
    printf("%4d,%4d,%4d",a,b,c);
}
```

A. 5, 2, 3　　　　　　　　　　　　B. −5, −12, −7
C. −5, −12, −17　　　　　　　　　D. 5, −2, −7

2. 运行以下程序后，a 的值为（　　），b 的值为（　　）。

```
main()
{
    int a,b,k=4,m=6,*p1=&k,*p2=&m;
    a=p1==&m;
    b=(-*p1)/(*p2)+7;
    printf("a=%d,b=%d\n",a,b);
}
```

A. −1, 5　　　　　　　　　　　　B. 1, 6
C. 0, 7　　　　　　　　　　　　　D. 4, 10

3. 有 4 组对指针变量进行操作的语句，以下判断正确的是（　　）。

（1）int *p,*q;q=p;
　　 int a,*p,*q;p=q=&a;
（2）int a,*p,*q;q=&a;p=*q;
　　 int a=20,*p;*p=a;
（3）int a=b=0,*p;p=&a;b=*p;
　　 int a=20,*p,*q=&a;*p=*q;
（4）int a=20,*p,*q=&a;p=q;
　　 int p,*q;q=&p;

A. （1）正确，（2）、（3）、（4）不正确
B. （1）、（4）正确，（2）、（3）不正确
C. （3）正确，（1）、（2）、（4）不正确
D. 以上结论都不正确

4. 以下程序中调用 scanf 函数给变量 a 赋值的方法是错误的，其错误的原因是（　　）。

```
main()
{
    int *p,*q,a,b;
    p=&a;
    printf("input a:");
    scanf("%d",*p);
    ……
}
```

A. *p 表示的是指针变量 p 的地址

B. *p 表示的是变量 a 的值，而不是变量 a 的地址

C. *p 表示的是指针变量 p 的值

D. *p 只能用来说明 p 是一个指针变量

5. 有如下语句：int a=10,b=20;*p1=&a,*p2=&b;。如果使两个指针变量均指向 b，则正确的赋值方式是（　　）。

　　A. *p1=*p2;　　　B. p1=p2;　　　C. p1=*p2;　　　D. *p1=*p2;

6. 以下程序的功能是将八进制正整数字符串转换为十进制正整数字符串。请选择填在【】中的内容。

```
#include <stdio.h>
main()
{
    char *p,s[6];int n;
    gets(p);
    n=【  】;
    while(【  】!='\0') n=n*8+*p-'0';
    printf("%d\n",n);
}
```

A. 0, *p　　　B. *p, *p++　　　C. *p-'0', *(++p)　　　D. *p+'0', p

7. 以下程序的功能是统计子串 sub 在母串中出现的次数。请选择填在【】中的内容。

```
#include <stdio.h>
main()
{
    char str[80],sub[80];
    int n;
    gets(str);gets(sub);
    printf("%d\n",count(str,sub));
}
int count(char *str,char *sub)
{
    int i,j,k,num=0;
    for(i=0;【  】;i++)
      for(【  】,k=0;sub[k]==str[j];k++,j++)
        if(sub[【  】])=='\0') {num++;break;}
    return num;
}
```

A. str[i]==sub[i], j=i+1, k
B. str[i]!='\0', j=i, k++
C. str[i]=='\0', j=0, k+1
D. str[i]>sub[i], j=1, ++k

三、程序填空题

1. 以下程序用于把从终端读入的一行字符作为字符串放在字符数组中，并进行输出，请分析程序并填空。

```
int i;
char s[80],*p;
```

```
    for(i=0;i<79;i++)
    {
        s[i]=getchar();
        if(s[i]=='\n') break;
    }
    s[i]=_____;
    p=_____;
    while(*p) putchar(*p++);
```

2. 以下程序的运行结果是_____。

```
#include "stdio.h"
#define SIZE 12
main()
{
    char s[SIZE];int i;
    for (i=0;i<SIZE;i++)
        s[i]='A'+i+32;
        sub(s,7,SIZE-1);
    for (i=0;i<SIZE;i++)
        printf("%c",s[i];
    printf("\n");
}
sub(char *a,int t1,int t2)
{
    char ch;
    while (t1<t2)
    {
        ch=*(a+t1);
        *(a+t1)=*(a+t2);
        *(a+t2)=ch;
        t1++;
        t2--;
    }
}
```

四、编程题

1. 用指针数组在主函数中输入 10 个等长的字符串，调用另一个函数对它们进行排序，并在主函数中输出 10 个已排好序的字符串。
2. 使用指针将 n 个数字按输入顺序的逆序排列输出，以函数实现。
3. 使用指针编写一个程序，输入 3 个整数，将它们按由小到大的顺序输出。
4. 输入一行文字，找出其中的大写字母、小写字母、空格、数字及其他字符的个数。
5. 编写一个函数，实现 3×3 矩阵的转置。

第 9 章

结构体和共用体

教学前言

在前面所编写的程序中,所用各种类型的数据均是互相独立、无内在联系的,而在实际的生活和工作中,有些复杂的数据信息需要一组数据互相补充、互相联系才能描述清楚。例如,一名学生的信息应该包含学号、姓名、年龄、性别、成绩、家庭住址等多个数据项才能准确、有意义,由于这些数据的类型各不相同,原有的数据类型无法单独描述"学生信息"这种类型。

为了增强 C 语言的数据描述能力,C 语言允许用户根据需要定义自己的数据类型,并用它来定义变量。C 语言允许用户定义的数据类型主要包括结构体、共用体及枚举,其中,结构体与共用体允许元素具有不同类型,可以描述处理对象的不同属性;枚举适用于定义符号常量,被广泛应用于程序开发。本章将对以上内容做比较详细的介绍。

教学要点

通过本章的学习,要求读者掌握结构体变量、共用体变量和枚举类型的定义方法,掌握结构体变量、共用体变量和枚举变量的定义和引用,熟悉结构体数组的定义及应用,了解结构体指针的概念及应用,计算结构体、共用体占用内存的字节数。

9.1 结构体

9.1.1 结构体类型的定义

在实际项目开发中,程序需要处理的问题往往比较复杂,经常会碰到很特殊的情况:要用若干个数据项表示一个完整的对象。例如,编写一个班级成绩管理系统,这个系统的对象是学生,但是一名学生要被完整描述,可能需要以下数据项:学号、姓名、年龄、性别、课程成绩、家庭住址。这些数据项组合在一起可以完整准确地描述一名学生。如果用互相独立的变量来表示各个数据项，由于独立的变量在内存中存放的地址是互不相干的，很难反映出这些数据项之间的内在联系，处理起来也不方便。为此，C 语言提供了一种数据结构，它可以把不同类型的数据项或相同类型的数据项组合成一个有机整体，这就是结构体，它与数组的区别在于一个数组中只能存放同一类型的数据。

结构体类型在使用之前必须先定义，才能用来定义相应的结构体变量、结构体数组、结构体指针变量。声明一个结构体类型的格式如下。

```
struct [结构体名]
{
    数据类型名1 成员名1;
    数据类型名2 成员名2;
    ……
    数据类型名n 成员名n;
};
```

其中，struct 是关键字，表示定义一个结构体类型，不能省略；结构体名是由用户自行定义的合法标识符，不能是关键字，如果结构体名省略，则表示用户定义了一个匿名结构体；花括号中是成员列表，用来说明该结构体包含哪些成员（结构体的成员），不限定成员的数量和类型，成员之间无先后顺序排列；结构体类型的名称是由一个关键字 struct 和结构体名组合而成的。

关于学生信息可以在程序中建立一个结构体类型。例如：

```
struct student_info          //声明一个结构体类型 struct student_info
{
    char stu_num[20];        //学号
    char stu_name[20];       //姓名
    char sex;                //性别
    int age;                 //年龄
    float grade[3];          //学生3门课程的成绩
};                           //注意，最后有一个分号
```

上述代码由用户指定了一个结构体类型 struct student_info，结构体名为 student_info。该结构体类型包含 stu_num、stu_name、sex、age、grade 等不同类型的成员。

结构体类型是一种构造类型，它可以由用户根据需要在程序中指定，设计出许多种结构体类型。声明的结构体类型可以放在 main 函数外，也可以放在 main 函数内。除建立上面的 struct student_info 结构体类型外，还可以建立名为 struct date 和 struct employee 等结构体类型，不同的结构体类型包含不同的成员。

9.1.2 结构体变量的定义

结构体类型与 int、char、float、double 等系统提供的标准类型一样，只是数据类型的标识符，它本身是不需要占用内存单元的，只有用它来定义某个变量时，才会为该变量分配结构类型所需要大小的内存单元。前面只是建立了一个结构体类型，是一种数据类型的定义，不是变量的定义，并没有具体数据。为了能在程序中使用结构体类型的数据，应当定义结构体类型的变量，并在其中存放具体的数据。结构体变量的定义有以下3种方式。

（1）先声明结构体类型，再定义该类型的变量，定义的格式如下。

```
struct 结构体名
{
    数据类型名1 成员名1;
    数据类型名2 成员名2;
        ……
    数据类型名n 成员名n;
};
struct 结构体名 结构体变量名列表;
```

例如，利用前面定义的学生信息结构类型 struct student_info，可以定义结构体变量 student1 和 student2：

```
struct student_info student1,student2;
```

定义 student1 和 student2 结构体变量后，系统将为变量分配 sizeof(struct student_info) 字节大小的内存空间，并且按照结构体类型定义中的成员顺序为各个成员安排内存空间，如图 9-1 所示。

	stu_num	stu_name	sex	age	grade
student1/student2	20字节	20字节	1字节	4字节	12字节

图 9-1　student1 和 student2 所占内存空间

注意事项：

结构体变量 student1/student2 所占内存空间的大小不一定就等于各个成员所占的内存空间大小之和，这与不同的编译环境有关。具体详见 9.1.5 节。

（2）在声明结构体类型的同时定义变量，其定义的格式如下。

```
struct 结构体名
{
    数据类型名1 成员名1;
    数据类型名2 成员名2;
        ……
    数据类型名n 成员名n;
} 结构体变量名列表;
```

例如，可以按下面的方法直接定义结构体变量 student1 和 student2。

```
struct student_info
{
    char stu_num[20];
    char stu_name[20];
    char sex;
    int age;
    float grade[3];
} student1,student2;
```

（3）匿名结构体类型，直接定义结构体类型变量，其定义的格式如下。

```
struct
{
```

```
        数据类型名 1 成员名 1；
        数据类型名 2 成员名 2；
        ……
        数据类型名 n 成员名 n；
    } 结构体变量名列表；
```

例如，利用匿名结构体类型来定义结构体变量 student1 和 student2，这种定义方式一般不推荐使用。

```
    struct
    {
        char stu_num[20];
        char stu_name[20];
        char sex;
        int age;
        float grade[3];
    } student1,student2;
```

说明：

（1）结构体类型与结构体变量是两个不同的概念，其区别如同 char 类型与 char 型变量的区别一样。在定义结构体类型时，系统并不分配内存单元，仅当定义结构体变量时，系统才为被定义的每一个变量分配相应的内存单元。结构体类型不能赋值、存取和运算，而结构体变量可以。

（2）结构体变量的定义一定要在结构体类型定义之后或同时进行，对尚未定义的结构体类型，不能用来定义结构体变量。

（3）结构体类型中的成员名可以与程序中的变量同名，但是它们代表不同的对象。例如：

```
    struct student_info student;
    char stu_name[20];
```

虽然结构体类型 student_info 中的成员有 stu_name，但它与程序中定义的变量 stu_name 是不同的，二者不会出现变量重定义，互不干扰。

（4）结构体的成员可以是另一种结构体类型的变量，也可以是自身类型的指针，但不能是自身类型的变量。例如：

```
    struct date {                    //声明一个结构体类型 struct date
        int year;                    //成员，年
        int month;                   //成员，月
        int day;                     //成员，日
    };
    struct student_info    {
        char stu_num[20];
        char stu_name[20];
        char sex;
        int age;
        float grade[3];
        struct date birth;           //成员 birth 是 struct date 类型
```

```
        struct student_info *pStu;      //可以包含自身类型的指针
        struct student_info stu;         //不能包含自身类型的变量
    };
```

9.1.3 结构体变量的初始化

定义结构体类型时不能对成员赋初值，但在定义结构体变量时，可以对其进行初始化，即对其成员变量赋初值。

（1）先定义结构体类型，再在定义结构体变量时初始化，其一般格式如下。

```
    struct 结构体名
    {
        ……
    };
    struct 结构体名 变量名={初始化值列表};
```

例如：

```
        struct student_info    student={"2017001001","zhangsan",'M',20,{90,80,70}};
```

| stu_num | stu_name | sex | age | grade |

（2）定义结构体类型的同时，定义结构体变量并初始化，其一般格式如下。

```
    struct [结构体名]
    {
        ……
    }变量名={初始化值列表};
```

例如：

```
    struct date {
        int year;
        int month;
        int day;
    } birth={2002,11,11};
```

或者

```
    struct {
        int year;
        int month;
        int day;
    } birth={2002,11,11};
```

说明：

（1）在赋值时应注意按顺序及类型依次为每个结构体成员指定初始值，初始化值列表中的初始化数据之间用逗号分隔。

（2）初始化数据的个数一般与成员的个数相同，若小于成员数，则剩余的成员将自动初始化为 0；若成员是指针，则初始化为 NULL。

（3）初始化数据的类型要与相应成员变量类型一致，不一致时将出现强制类型转换现象。

（4）初始化时只能对整个结构体变量进行赋值，不能仅对结构体类型中的某些成员进行赋值。

9.1.4 结构体变量的引用

1. 对结构体变量成员的引用

在 C 语言程序中，不允许对结构体变量整体进行各种运算、赋值或者输入、输出操作，而只能对其成员进行此类操作。引用结构体变量成员的一般格式如下。

```
结构体变量名.成员名
```

其中，"."是结构体成员运算符，其优先级别最高，结合性是自左至右。由此，完全可以像操作简单变量一样操作结构体成员。

例如：

```
student1.stu_name;        //学生1的姓名
student1.age;             //学生1的年龄
```

2. 对结构体变量整体的引用

结构体变量和简单变量相比，除了在参加各种运算、赋值或输入、输出方式上有所不同，其他同简单变量一样。

（1）结构体变量可以相互赋值，但注意相互赋值的两个结构体变量必须是同一个结构体类型，不同结构体类型的结构体变量之间不可用"="赋值，struct student_info stu; struct date d; stu=d;是错误的写法。

（2）结构体变量可作为函数的形参、实参或者函数返回值。

【例 9.1】把一名学生的信息存放在一个结构体变量中并初始化，包含学号、姓名、性别、地址，并输出这名学生的信息。

编程思路：在声明一名学生信息结构体类型的同时，定义一个结构体变量且进行初始化，并用标准输出函数 printf 输出结构体类型中的各成员变量。

程序代码如下。

```c
#include <stdio.h>
#include <stdlib.h>
int main(int argc, char *argv[]) {
    //声明结构体类型的同时，定义一个结构体变量且进行初始化
    struct student_info {       //声明一个结构体类型 struct student_info
        char stu_num[20];       //学号
        char stu_name[20];      //姓名
        char sex;               //性别
        char addr[81];          //地址
    } stu={"1001","zhangsan",'F',"jiangxi modern polytechnic college"};
    printf("No:%s\nName:%s\nSex:%c\nAddress:%s\n",stu.stu_num,stu.stu_name,stu.sex,stu.addr);
    return 0;
}
```

程序运行结果如图 9-2 所示。

```
No:1001
Name:zhangsan
Sex:F
Address:jiangxi modern polytechnic college
--------------------------------
Process exited after 0.2998 seconds with return value 0
请按任意键继续. . .
```

图 9-2 例 9.1 程序运行结果

【例 9.2】 从键盘上输入一名学生的 5 门课程成绩，统计这 5 门课程的平均分、最高分和最低分。

编程思路： 首先，声明一个包含 4 个成员的结构体类型，其中，数组成员用于存放 5 门课程，其他 3 个成员用于存放平均成绩、最高分、最低分；其次，定义一个成绩结构体变量，循环从键盘上输入 5 门课程的成绩并放在数组成员中；最后，求出这 5 门课程的平均分、最高分和最低分。

程序代码如下。

```c
#include <stdio.h>
#include <stdlib.h>
int main(int argc, char *argv[]) {
    struct score {              //声明一个 struct score 结构体类型
        float grade[5];         //存放 5 门课程的成绩
        float avg,max,min;      //定义平均成绩、最高分、最低分变量
    };
    struct score s;             //定义结构体变量
    int i;
    printf("输入 5 门课程的成绩:");
    for(i=0;i<5;i++) {          //循环从键盘输入 5 门课程的成绩
        scanf("%f",&s.grade[i]);
    }
    s.avg=0;                    //平均成绩初始化为 0
    s.max=s.grade[0];           //假定第一门课程的成绩是最高的
    s.min=s.grade[0];           //假定第一门课程的成绩是最低的
    for(i=0;i<5;i++) {
        s.avg+=s.grade[i];      //求出 5 门课程的总成绩
        if(s.grade[i]>s.max) {
            s.max=s.grade[i];   //求出最高分
        }
        if(s.grade[i]<s.min) {
            s.min=s.grade[i];   //求出最低分
        }
    }
    s.avg/=5;                   //求出平均成绩
    printf("5 门课程的平均分:%5.1f\n 最高分:%5.1f\n 最低分:%5.1f\n",
s.avg,s.max,s.min);
    return 0;
}
```

程序运行结果如图 9-3 所示（假设输入的值为"90 87 76 56 100"）。

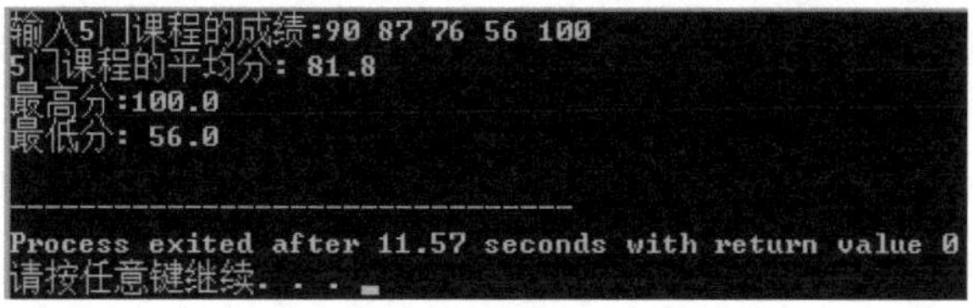

```
输入5门课程的成绩:90 87 76 56 100
5门课程的平均分: 81.8
最高分:100.0
最低分: 56.0

--------------------------------
Process exited after 11.57 seconds with return value 0
请按任意键继续. . .
```

图 9-3　例 9.2 程序运行结果

9.1.5　结构体变量的内存分配

只有定义了结构体变量之后,系统才会为其分配对应的内存空间,但分配的内存空间大小与 C 语言程序所处的编译环境有着密切关系。本节就 Dev C++环境下结构体变量内存分配问题进行详细介绍。

在 Dev C++环境下,结构体变量所占内存空间的大小不一定等于结构体变量所包含的各成员所占内存空间大小之和。例如:

```
struct student          //声明结构体类型 struct student
{
    double grade;       //成绩
    char sex;           //性别
    int age;            //年龄
}s;
```

其中,struct student 结构体类型包含 3 个成员:double 类型的 grade 占 8 字节,char 类型的 sex 占 1 字节,int 类型的 age 占 4 字节。一般情况下,人们想当然地以为 sizeof(s)=8+1+4=13,然而,在 Dev C++环境下测试结构体变量 s 的大小时,会发现 sizeof(s)=16。为什么会得出这样的结果呢?

这是因为 Dev C++为了提高 CPU 的存储速度,统一对结构体中各成员变量的起始地址做了"对齐"处理,即在默认情况下,Dev C++规定各成员变量存放的起始地址相对于结构体的起始地址的偏移量必须为该成员变量类型所占用字节数的倍数,如表 9-1 所示。

表 9-1　常用数据类型变量存放的起始地址相对于结构体的起始地址的偏移量

常用数据类型	变量存放的起始地址相对于结构体的起始地址的偏移量
char	偏移量必须为 sizeof(char)=1 的倍数
short	偏移量必须为 sizeof(short)=2 的倍数
int	偏移量必须为 sizeof(int)=4 的倍数
long	偏移量必须为 sizeof(long)=4 的倍数
float	偏移量必须为 sizeof(float)=4 的倍数
double	偏移量必须为 sizeof(double)=8 的倍数

在 Dev C++编译环境下,结构体变量在进行内存分配时应遵循以下 2 个原则。

(1)结构体变量中各成员在存放的时候必须依照在结构体中出现的顺序依次分配空间,同时按照各变量存放的起始地址相对于结构体的起始地址的偏移量自动填充一些空缺的字节。

(2)为了确保结构体变量所占内存空间的大小为该结构体中占用最大空间的类型所占用字节数的倍数,在为最后一个成员分配空间后,要根据需要自动填充空缺的字节。

下面结合分配原则和各种数据类型的对齐方式，开始分析结构体变量 s 分配内存空间的过程。

首先，为第 1 个成员 grade 分配空间，其起始地址和结构体的起始地址相同，偏移量为 0，是 sizeof(double)=8 的倍数，该成员变量占用 8 字节。

其次，为第 2 个成员 sex 分配空间，下一个可以分配的地址对于结构体的起始地址的偏移量为 8，是 sizeof(char)=1 的倍数，所以把 sex 存放在偏移量为 8 的位置以满足对齐方式，该成员变量占用 1 字节。

最后，为第 3 个成员 age 分配空间，下一个可以分配的地址对于结构体的起始地址的偏移量为 9，不是 sizeof(int)=4 的倍数，为了满足对齐方式对偏移量的约束，Dev C++ 将自动填充 3 字节，这 3 字节什么都不放，即下一个可以分配的地址对于结构体的起始地址的偏移量为 12，是 sizeof(int)=4 的倍数，所以把 age 存放在偏移量为 12 的位置，该成员变量占用 4 字节。

此时，整个结构体中的各成员变量都已经分配好内存空间，总的占用空间为 8+1+3+4=16 字节，刚好是该结构体中占用最大空间的类型所占用的字节数 sizeof(double)=8 的倍数，所以没有空缺的字节需要填充。整个结构体变量占用内存空间的大小为 sizeof(s)=8+1+3+4=16 字节，其中有 3 字节是 Dev C++ 自动填充的，没有存放任何内容。结构体变量 s 的内存分配情况如图 9-4 所示。

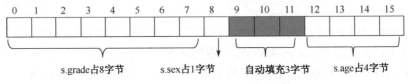

图 9-4 结构体变量 s 的内存分配情况

如果交换 struct student 结构体类型成员变量的位置，那么这个结构体变量 s 占用多大的内存空间呢？

```
struct student{
    char sex;           //性别
    double grade;       //成绩
    int age;            //年龄
}s;
```

在 Dev C++ 环境下，测试得到 sizeof(s)=24，结合分配原则和各种数据类型的对齐方式，分析结构体变量 s 分配内存空间的过程。

首先，为第 1 个成员 sex 分配空间，其起始地址和结构体的起始地址相同，偏移量为 0，是 sizeof(char)=1 的倍数，该成员变量占用 1 个字节。

其次，为第 2 个成员 grade 分配空间，下一个可以分配的地址对于结构体的起始地址的偏移量为 1，不是 sizeof(double)=8 的倍数，为了满足对齐方式对偏移量的约束，Dev C++ 将自动填充 7 字节，这 7 字节什么都不放，下一个可以分配的地址对于结构体的起始地址的偏移量为 8，是 sizeof(double)=8 的倍数，所以把 grade 存放在偏移量为 8 的位置，该成员变量占用 8 字节。

最后，为第 3 个成员 age 分配空间，下一个可以分配的地址对于结构体的起始地址的偏移量为 16，是 sizeof(int)=4 的倍数，所以把 age 存放在偏移量为 16 的位置以满足对齐方式，该成员变量占用 4 字节。

此时，整个结构体中的各成员变量都已经分配好内存空间，总的占用空间 1+7+8+4=20 字节，不是该结构体中占用最大空间的类型所占用的字节数 sizeof(double)=8 的倍数，因此，需要在最后填充 4 个空缺字节，从而满足第 2 个原则。整个结构体变量占用内存空间的大小为 sizeof(s)= 1+7+8+4+4=24 字节，其中有 11 字节是 Dev C++ 自动填充的，没有存放任何内容。结构体变量 s 的内存分配情况如图 9-5 所示。

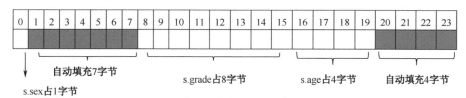

图 9-5　交换成员变量位置后结构体变量 s 的内存分配情况

9.2　结构体数组

结构体数组的每一个元素都是具有相同结构类型的结构体变量。在实际应用中，结构体数组通常被用来表示一个具有相同数据结构的群体，如一个班的学生信息、一个企业的职工信息。

结构体数组相当于一张二维表，表的框架结构对应的是某种结构体类型，表中的每一列对应该结构体类型的成员，表中的每一行记录对应该结构体数组元素中各成员的值，表中的行数对应该结构体数组的大小。

9.2.1　结构体数组的定义

在定义结构体数组时，其定义方法与结构体变量的定义方法类似，它包含以下两种定义方法。

（1）定义结构体类型之后定义结构体数组，其定义格式如下。

```
struct 结构体名 结构体数组名[长度];
```

（2）定义结构体类型的同时定义结构体数组，其定义格式如下。

```
struct 结构体名
{
    ……
}结构体数组名[长度];
```

例如：

```
struct student_info            //声明一个结构体类型 struct student_info
{
    char stu_num[20];          //学号
    char stu_name[20];         //姓名
```

```
        char sex;                //性别
        int age;                 //年龄
        float grade[3];          //学生 3 门课程的成绩
    } student[5];
```

或者

```
    struct student_info student[5];
```

结构体数组 stu 的每一个元素所占用的内存大小为 sizeof(struct student_info)，其对应的二维表和内存映射如图 9-6 和图 9-7 所示。

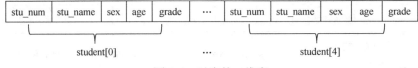

图 9-6　对应的二维表

stu_num	stu_name	sex	age	grade	struct student_info结构体类型
					student[0]
…	…	…	…	…	⋮
					student[5]

图 9-7　内存映射

9.2.2　结构体数组的初始化

结构体数组在定义的同时可以初始化，其一般格式是在定义之后紧跟一组用花括号括起来的初始数据，为了增强可读性，最好将每一个数组元素的初始数组也用花括号括起来，以此来区分各个数组元素，其初始化的格式如下。

```
    struct 结构体名 {
        ……
    }结构体数组名[长度]={{初始化值列表 1},{初始化值列表 2},…,{ 初始化值列表 n}};
```

或者

```
    struct 结构体名
    {
        ……
    };
    struct 结构体名 结构体数组名[长度]= {{初始化值列表 1},{初始化值列表 2},…,
    {初始化值列表 n}};
```

将刚定义的结构体数组 student 初始化如下。

```
    struct student_info student[3]={
        {"1001","zhangsan", 'F', 20,{90,100,87}},
        {"1002","lisi", 'M', 30,{93.5,88.5,90}},
        {"1003","wangwu", 'F', 28,{67.8,99,67}}
    };
```

当对全部元素进行初始化赋值时，数组的大小可以省略。例如：

```
struct date {
    int year;
    int month;
    int day;
};
struct date d[]={{1992,10,20},{2002,9,11},{1987,11,28}};
```

9.2.3 结构体数组的引用

普通数组元素的引用格式如下。

数组名[元素下标]

结构体数组元素的成员引用格式如下。

数组名[元素下标].成员名

说明：

（1）可以将一个结构体数组元素赋给同一个结构体类型数组中的另一个元素，或赋给同一类型的变量。

定义：

```
struct student_info student[3],student1;
```

赋值：

```
student1=student[0];
student[0]=student[1];
student[1]=student1;
```

（2）不能将结构体数组元素作为一个整体直接进行输入或输出。例如：

```
printf("%d",student[0]);            //错误写法
scanf("%d",&student[0]);            //错误写法
```

只能以单个成员为对象进行输入或输出。例如：

```
scanf("%s",student[0].stu_name);
scanf("%d",&student[0].age);
printf("%s %d\n",student[0].stu_name,student[0].age);
```

【例 9.3】 设有 3 个人的姓名和年龄存放在结构体数组中，输出 3 个人中年龄居中者的姓名和年龄。

编程思路： 需要设一个结构体数组，数组中包含 3 个元素，每个元素中的信息应包括姓名（字符数组）和年龄（整型）。假定第一个人的年龄是最大值和最小值，依次和剩余人的年龄进行比较，一旦发现其比设定的最大值大或者比最小值小，则重新赋值。循环读取每个人的年龄，居中者的条件是其年龄不等于最大值的同时也不等于最小值。

程序代码如下。

```
#include <stdio.h>
#include <stdlib.h>
int main(int argc, char *argv[]) {
```

```c
        struct person {                  //声明一个结构体类型 struct person
            char name[20];               //姓名
            int age;                     //年龄
        };                               //定义一个结构体数组的同时进行初始化
        struct person p[3]={{"zhangsan",22},{"lisi",33},{"wangwu",46}};
        int i,max,min;                   //定义最大、最小年龄变量
        max=min=p[0].age    ;            //默认将第一个人的年龄赋值为最大、最小年龄
        for(i=1;i<3;i++) {               //循环剩余的人
            if(p[i].age>max) {
                max=p[i].age;            //如果大于当前最大者，则重新赋值
            } else if(p[i].age<min) {
                min=p[i].age;            //如果小于当前最小者，则重新赋值
            }
        }
        for(i=0;i<3;i++) {               //循环数组
            if(p[i].age!=max && p[i].age!=min) {
                //如果某人的年龄不等于最大值，且不等于最小值，则其为居中者
                printf("name:%s,age:%d\n",p[i].name,p[i].age);
                break;
            }
        }
        return 0;
    }
```

程序运行结果如图 9-8 所示。

图 9-8 例 9.3 程序运行结果

【例 9.4】 使用一个结构数组来存放 5 名学生的姓名、成绩排名和平均成绩，从键盘上输入学生的姓名，按照学生姓名查询其排名和平均成绩并输出，查询可连续进行，直到从键盘上输入 0 时结束。

编程思路： 需要定义一个包含 5 个元素的结构体数组，每个元素中的信息包括学生姓名、成绩排名和平均成绩。将从键盘上输入的学生姓名依次与数组中存放的学生姓名进行比较，这里使用 strcmp 函数进行比较，如果等于 0，则说明查找到与之匹配的学生，向终端屏幕输出成绩排名和平均成绩，否则提示未找到。

程序代码如下。

```c
    #include <stdio.h>
    #include <stdlib.h>
    #include <string.h>
    int main(int argc, char *argv[]) {
        //在定义结构体数组的同时进行初始化
        struct student {            //声明一个结构体类型 struct student
```

```
        int rank;              //成绩排名
        char name[10];         //姓名
        float grade;           //平均成绩
}stu[]={{2,"Tom",95.5},{1,"Tony",98},
{3,"Lina",89.4},{4,"Yili",82},{5,"Lei",79.6}};
    char str[10];          //定义一个变量,用于接收从键盘上输入的学生姓名
    int i;
    do {                   //采用do…while循环从键盘上输入学生姓名进行查询
        printf("请输入学生姓名:");
        scanf("%s",str);
        for(i=0;i<5;i++) {
            if(strcmp(str,stu[i].name)==0) {//使用strcmp函数进行字符串比较
                printf("name:%s\t",stu[i].name);     //结构体数组元素的引用
                printf("rank:%d\t",stu[i].rank);
                printf("grade:%4.1f\t",stu[i].grade);
                printf("\n");
                break;
            }
        }
        if(i>=5) {                //输入的学生姓名不在数组中,提示未找到
            printf("Not Found\n");
        }
    }while(strcmp(str,"0")!=0);   //当在键盘上输入0时,结束输入
    return 0;
}
```

程序运行结果如图 9-9 所示。

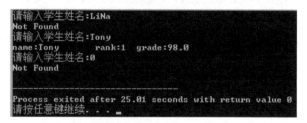

图 9-9 例 9.4 程序运行结果

9.3 结构体指针

我们知道一个指向变量的指针表示的是变量所占内存的起始地址。如果一个指针指向结构体变量呢？此时，该指针指向的就是结构体变量的起始地址。同样，指针变量也可以指向结构体数组中的元素。

9.3.1 指向结构体变量的指针

一个指向结构体变量的指针表示的是一个结构体变量的起始地址，既然指针指向结构

体变量的起始地址，那么可以使用指针来访问结构体中的各个成员。定义指向结构体变量的指针的一般格式如下。

```
struct 结构体名 *结构体指针变量名;
```

例如，定义一个指向 struct student_info 结构体类型的 pstu 指针变量：

```
struct student_info *pstu;
```

使用结构体指针变量访问结构体变量中各个成员的一般格式如下。

```
(*结构体指针变量).成员名;
```

或者

```
结构体指针变量->成员名;
```

例如：

```
(*pstu).stu_name
```

或者

```
pstu->stu_name
```

说明：

（1）*pstu 一定要使用括号，因为点运算符的优先级是最高的，如果不使用括号，会先执行点运算，再执行*运算。

（2）在使用→引用成员时，需要注意以下情况。

pstu->age：表示指向的结构体变量中成员 age 的值。

pstu->age++：表示指向的结构体变量中成员 age 的值，使用后该值加 1。

++pstu->age：表示指向的结构体变量中成员 age 的值加 1，计算后再使用。

【例 9.5】通过指向结构体变量的指针变量输出例 9.1 中定义的学生结构体变量中各成员的信息。

编程思路：首先，使用声明过的学生结构体类型 struct student_info，并为结构体变量成员赋值；其次，使用指针指向该结构体变量；最后，通过指针引用变量中的成员并进行显示。

程序代码如下。

```c
#include <stdio.h>
#include <stdlib.h>
#include <string.h>
int main(int argc, char *argv[]) {
    //声明结构体类型的同时定义一个结构体变量并进行初始化
    struct student_info {            //声明一个结构体类型 struct student_info
        char stu_num[20];            //学号
        char stu_name[20];           //姓名
        char sex;                    //性别
        char addr[81];               //地址
    };
    struct student_info stu;         //定义 struct student_info 类型的变量 stu
    //定义一个指向 struct student_info 类型数据的指针变量 pstu
    struct student_info *pstu;
```

```
        pstu=&stu;                          //pstu 指向 stu
        strcpy(stu.stu_num,"1001");   //使用字符串复制函数为结构体变量的成员赋值
        strcpy(stu.stu_name,"zhangsan");
        stu.sex='M';
        strcpy(stu.addr,"jiangxi modern polytechnic college");
        //通过指针使用点运算符引用结构体变量的成员，并输出结果
        printf("No:%s\nName:%s\nSex:%c\nAddress:%s\n",(*pstu).stu_num,
            (*pstu).stu_name,(*pstu).sex,(*pstu).addr);
        return 0;
    }
```

程序运行结果如图 9-10 所示。

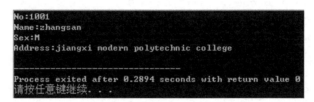

图 9-10　例 9.5 程序运行结果

9.3.2　指向结构体数组的指针

结构体指针变量可以指向一个结构体数组，其指针变量的值是整个结构体数组的首地址。结构体指针变量也可以直接指向结构体数组中的元素，此时指针变量的值就是该结构体数组元素的首地址。

例如，定义一个结构体数组 student[3]，使用结构体指针 pstu 指向该数组的语句如下。

```
    struct student_info student[3];
    struct student_info *pstu;
    pstu=student;
```

此时，pstu 指向的就是数组的首地址，因为数组在不使用下标时表示的是数组的第一个元素的地址（首地址），所以指针指向数组的首地址。如果想利用指针指向第二个元素，则直接利用数组名+下标，并在数组名前使用取地址符&即可，如 pstu=&student[1]。

说明：(++pstu)->age 与(pstu++)->age 的区别在于，前者是先执行++操作，使得 pstu 指向下一个元素的地址，再取得该元素的成员值；而后者是先取得当前元素的成员值，再使 pstu 指向下一个元素的地址。

【例 9.6】有 5 种产品的信息放在结构体数组中，包括产品名称、产品功能、价格，要求输出全部产品的信息。

编程思路：在代码中定义一个结构体数组 pro[5]及结构体指针变量 p，使用 for 循环语句，将 p 的初值赋为 pro，即数组 pro 中序号为 0 的元素（首地址），每循环一次，p 执行自加运算，即 p++。这里需要注意的是，p++表示 p 的增加值为一个数组元素的大小，当 p 的值不再小于 p+5 时，结束循环。

程序代码如下。

```
    #include <stdio.h>
    #include <stdlib.h>
```

```
        #include <string.h>
        //将结构体类型声明在 main 函数外也是可以的
        struct product {
            char pro_name[20];      //产品名称
            char pro_func[50];      //产品功能
            float price;            //价格
        };
        int main(int argc, char *argv[]) {
            //定义一个结构体数组 pro 并进行初始化
            struct product pro[5]={
                {"car","drive",155784.0},
                {"mobile phone","call",2899.0},
                {"tea bottle","drink water",95.5},
                {"book","read",128.0},
                {"paper","write",37.6}
            };
            struct product *p;      //定义一个结构体指针变量 p
            printf("Name\tFunction\tPrice\n");
            for(p=pro;p<pro+5;p++) {
printf("%-15s\t%-15s\t%6.1f\n",p->pro_name,p->pro_func,p->price);
            }
            return 0;
        }
```

程序运行结果如图 9-11 所示。

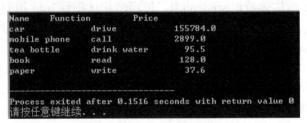

图 9-11　例 9.6 程序运行结果

9.4　结构体作为函数参数

函数是有参数的,可以将一个结构体变量的值作为一个函数的参数。使用结构体作为函数参数有以下 3 种方法。

1. 结构体变量作为函数参数

使用结构体变量作为函数的实参时,采用的是"值传递"方式,会将结构体变量所占内存空间的内容全部顺序传递给形参,形参也必须是同类型的结构体变量。根据函数参数传值方式,如果在函数内部对变量中的成员进行操作,则不会引起实参结构体成员值的变化。

2. 指向结构体变量的指针作为函数参数

在使用结构体变量作为函数的实参时,由于在函数调用期间,形参也要占用内存空间,故这种传递方式在空间和时间上开销比较大,一旦结构体的规模很大,开销就是巨大的。如果以结构体变量的指针作为函数的参数进行传递,那么只是将结构体变量的首地址传递给形参,开销较小,比较适用。

3. 结构体变量的成员作为函数参数

使用这种方式为函数传递参数和使用普通的变量作为函数实参是一样的,都属于值传递方式,但应当注意实参与形参的类型要保持一致。

【例 9.7】设有一个结构体类型,包含学生学号、姓名和 3 门课程的成绩,要求编写一个函数,用于显示学生的信息。

编程思路: 首先,声明一个简单的结构体类型表示学生信息;其次,定义一个结构体变量 stu 和指向结构体变量的指针 pstu;最后,编写 input 函数,用于从键盘上输入学生信息,编写 display 函数,用于显示学生信息。

程序代码如下。

```c
#include <stdio.h>
#include <stdlib.h>
#include <string.h>
//将 struct student 结构体类型声明在 main 函数外
struct student {
    char stu_num[10];           //学号
    char stu_name[20];          //姓名
    float grade[3];             //3 门课程成绩
};
//input 函数:形参为指向结构体变量的指针
void input(struct student *pstu) {
    printf("请输入学生的信息:");
    scanf("%s%s%f%f%f",pstu->stu_num,pstu->stu_name,&pstu->grade[0],
    &pstu->grade[1],&pstu->grade[2]);
}
//display 函数:形参为结构体变量
void display(struct student stu) {
    printf("输出学生的信息\n");
    printf("学号\t姓名\t3 门课程成绩\n");
    printf("%-10s%-10s%5.1f%5.1f%5.1f\n",stu.stu_num,stu.stu_name,
stu.grade[0],stu.grade[1],stu.grade[2]);
}
int main(int argc, char *argv[]) {
    //定义结构体变量和指针
    struct student stu,*pstu;
    pstu=&stu;              //将指针指向该结构体变量
    input(pstu);            //实参传递指向结构体变量的指针
    display(stu);           //实参传递结构体变量
```

```
        return 0;
}
```

程序运行结果如图 9-12 所示。

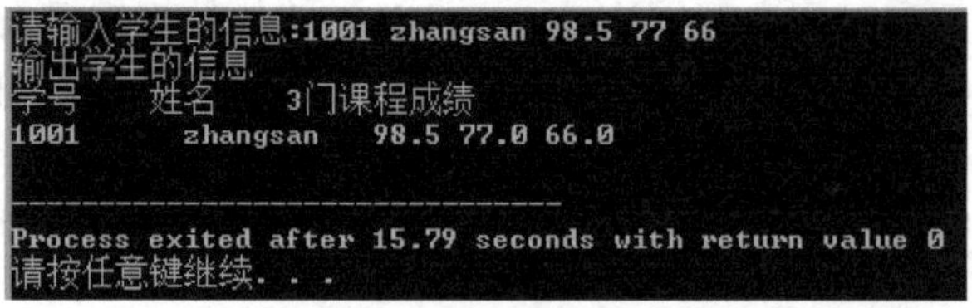

图 9-12　例 9.7 程序运行结果

9.5　共用体

9.5.1　共用体类型的定义

共用体是一种同一段内存单元由不同类型变量共享的数据类型。它提供了一种能在同一段内存单元中操作不同类型数据的方法，也就是说，共用体采用的是覆盖存储技术，允许不同类型数据互相覆盖。

共用体也称为联合体，共用体类型的定义与结构体类型定义的方法类似，只是结构体的关键字是 struct，共用体的关键字是 union。声明共用体类型的一般格式如下。

```
union 共用体名
{
    数据类型名 1 成员名 1;
    数据类型名 2 成员名 2;
        ……
    数据类型名 n 成员名 n;
};
```

例如，以下语句声明了一个共用体类型。

```
union data        //声明共用体类型
{
    short i;
    char ch;
    float f;
};
```

union data 共用体类型包含了 3 个成员：一个短整型变量、一个字符型变量和一个实型变量。3 个成员在内存中所占的字节数不同，但都在以同一个地址开始的内存单元中存放（如图 9-13 所示，假设首地址为 2000），即使用了覆盖技术，后一个数据覆盖了前面的数据。因此，共用体所占的内存空间大小由占据最大内存空间成员所占的空间数决定。分析 union data 共用体的成员，f 所占的内存空间最大，占了 4 字节的内存，故 union data 的大小也是 4，即 sizeof(union data)=4。

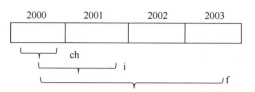

图 9-13 共同体 data 的内存占用情况

注意事项：

（1）在共用体的定义内部，不允许直接对成员变量进行初始化。

（2）在共用体的定义中，如果成员变量的数据类型是数组，那么必须同时提供数组的元素个数，且元素个数必须大于 0。

例如：

```
union department {
    int class_no=1;           //不允许在共用体的定义内部对成员变量进行初始化
    char class_name[];        //不允许不提供数组元素的个数
    char office[20];
};
```

9.5.2 共用体变量的定义

和结构体类型定义一样，共用体类型定义时是不分配内存单元的，只有在定义共用体类型变量时才分配内存单元。另外，与结构体类型相比，结构体类型中的各成员都享有各自的内存单元，而共用体类型中的各成员共享同一段内存单元。为了能在程序中使用共用体类型的数据，应当定义共用体类型的变量，并在其中存放具体的数据。共用体变量的定义有以下 3 种方式。

（1）先声明共用体类型，再定义该类型的变量，其定义格式如下。

```
union 共用体名
{
    数据类型名1 成员名1；
    数据类型名2 成员名2；
        ……
    数据类型名n 成员名n；
};
union 共用体名 共用体变量名列表；
```

例如：

```
union department
{
    int class_no;
    char class_name[10];
    char office[20];
};
union department a,b;
```

（2）在声明共用体类型的同时定义变量，其定义格式如下。

```
union 共用体名
```

```
    {
        数据类型名 1 成员名 1;
        数据类型名 2 成员名 2;
            ……
        数据类型名 n 成员名 n;
    }共用体变量名列表;
```

例如:

```
union department
{
    int class_no;
    char class_name[10];
    char office[20];
} a,b;
```

(3) 匿名共用体类型，直接定义共用体类型变量，其定义格式如下。

```
union {
        数据类型名 1 成员名 1;
        数据类型名 2 成员名 2;
            ……
        数据类型名 n 成员名 n;
    }共用体变量名列表;
```

例如:

```
union
{
    int class_no;
    char class_name[10];
    char office[20];
} a,b;
```

上述 3 种方式都用于定义共用体变量 a 和 b，并且共用体变量 a 和 b 所分配的内存空间是一样的。这里以共用体变量 a 为例，它包含 3 个成员，分别是 class_no、class_name 和 char office，系统在编译时会按照所占内存空间最多的成员为共用体分配空间，由于成员 office 的长度最长，占 20 字节，所以共用体变量 a 的内存空间为 20 字节。

9.5.3 共用体变量的初始化

在定义共用体变量的同时可以对其进行初始化，但初始化表中只能有一个常量，且只能为第一个成员的类型值进行初始化。共用体变量初始化的格式如下。

```
union 共用体名 {
    成员列表
};
union 共用体名 共用体变量={第 1 个成员的类型值};
```

或者

```
union 共用体名 {
    成员列表
```

```
}共用体变量={第1个成员的类型值};
```

例如:

```
union data      //声明共用体类型
{
    short i;
    char ch;
    float f;
}d={8};
```

或者将 d={8};改为

```
union data d = {8};
```

9.5.4 共用体变量的引用

只有在定义了共用体变量后才能在后续程序中引用它,有一点需要注意,不能引用共用体变量,而只能引用共用体变量中的成员。引用共用体变量的成员的一般格式如下。

```
共用体变量名.成员名
```

或者

```
共用体指针变量->成员名
```

第一种引用方式适用于普通共用体变量,第二种引用方式适用于共用体指针变量。例如,前面声明了 union data 共用体类型,现定义一个共用体变量 a 和一个共用体指针 p:

```
union data a,*p;
p=&a;
```

如果要引用共用体变量中的 i 成员,则可以使用下列代码:

```
a.i;        //引用共用体变量 a 中的成员 i
p->i;       //引用共用体指针变量 p 所指向的变量 i
```

另外,可以对共用体类型变量进行整体引用,即将一个共用体变量作为一个整体赋给另一个同类型的共用体变量。例如:

```
union data a,b={8};
a=b;
```

说明:

(1) 同一个内存段中可以存放不同类型的成员,但是在每一瞬间只能存放其中的一种成员,而不能同时存放几种成员。换句话说,每一瞬间只有一个成员起作用,其他的成员不起作用。

(2) 共用体类型可以出现在结构体类型定义中,也可以定义共用体数组;结构体也可以出现在共用体类型的定义中,数组也可以作为共用体的成员。

【例9.8】设有若干人员的数据,包括学生和教师。学生的数据有号码、姓名、性别、类型、所在班级,教师的数据有号码、姓名、性别、类型、职称。要求从键盘上输入若干人员的数据信息,并输出这些信息。

编程思路：分析得出，可以用同一个结构体类型来保存学生和教师的基本信息，如号码、姓名、性别、类型，学生的所在班级成员和教师职称成员使用共用体类型实现。循环 n 次，从键盘上输入号码、姓名、性别、类型，如果输入的类型是 s（学生），那么读入学生的所在班级，否则读入教师的职称。循环 n 次，依次输出人员的信息，判断类型是否为 s（学生），如果是，那么输出学生的号码、姓名、性别、所在班级，否则输出教师的号码、姓名、性别、类型、职称。

程序代码如下。

```c
#include <stdio.h>
#include <stdlib.h>
union detail
{
    int class_no;               //学生所在班级
    char position[10];          //教师职称
};
struct person {
    char no[10];                //号码
    char name[10];              //姓名
    char sex;                   //性别，取值为 f（女）或 m（男）
    char type;                  //类型，取值为 s（学生）或 t（教师）
    union detail d;             //成员可以是共用体类型
};
int main(int argc, char *argv[]) {
    //定义结构体数组变量
    struct person p[30];
    int i,n;
    printf("输入多少位人员的数据:");
    scanf("%d",&n);    //变量 n 用于指示从键盘上输入几个人员的数据
    for(i=0;i<n;i++) {
        printf("输入第%d位人员的数据:\n",i+1);
        /*
            注意：需要在第二个字符串%s 后面及%c 之间加一个空格，否则
            得不到想要的结果，而 p[i].sex 永远都是空格，读者无法理解
            其意义，可回顾 scanf 函数的原理，以及了解一下 C 语言中
            scanf("%c",&c) 删掉回车符或者空格符的问题
        */
        scanf("%s%s %c %c",p[i].no,p[i].name,&p[i].sex,&p[i].type);
        if(p[i].type=='s') {    //s:学生类型
            scanf("%d",&p[i].d.class_no);
        } else if(p[i].type=='t') {//t:教师类型
            scanf("%s",p[i].d.position);
        } else {
            printf("类型输入错误");
        }
    }
    printf("号码\t姓名\t性别\t类型\t班级/职称\n");
    for(i=0;i<n;i++) {
```

```
                if(p[i].type=='s') {//如果是学生
                    printf("%s\t%s\t%c\t%c\t%d\n",p[i].no,p[i].name,p[i].sex,
p[i].type,p[i].d.class_no);
                } else if(p[i].type=='t') {//如果是教师
                    printf("%s\t%s\t%c\t%c\t%s\n",p[i].no,p[i].name,p[i].sex,
p[i].type,p[i].d.position);
                }
            }
            return 0;
        }
```

程序运行结果如图 9-14 所示。

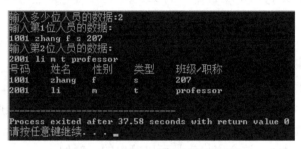

图 9-14 例 9.8 程序运行结果

9.6 枚举类型

当某些变量仅由有限个数据值组成时，通常使用枚举类型来表示。所谓枚举是指将变量的值一一列举出来，变量的值只在列举出来的值的范围内。例如，一周只有 7 天，一年只有 12 个月等。

枚举类型的关键字为 enum，声明枚举类型的格式如下。

```
enum 枚举名{枚举值表};
```

在枚举值表中应罗列出所有可用的值，这些值被称为枚举元素。例如：

```
enum weekday{sun,mon,tue,wed,thu,fri,sat};
```

上述代码声明了一个枚举类型 enum weekday，其中 sun,…,sat 称为枚举元素，它们只是用户自定义的标识符，这些标识符并无含义。使用什么标识符代表什么含义，完全由程序员定义，并在程序中做相应的处理。可以用 enum weekday 枚举类型来定义变量，该变量只能取 7 天中的某一天，变量的值只能是 sun 到 sat 中的一个。

定义枚举类型的变量有以下几种方式。

（1）先声明枚举类型再定义枚举变量，其定义格式如下。

```
enum 枚举名{ 枚举值表 };
enum 枚举名 枚举变量名列表;
```

例如：

```
enum weekday{sun,mon,tue,wed,thu,fri,sat};
```

```
enum weekday a,b,c;
```

(2)在声明枚举类型的同时定义枚举变量,其定义格式如下。

```
enum 枚举名{ 枚举值表 }枚举变量名列表;
```

例如:

```
enum weekday{sun,mon,tue,wed,thu,fri,sat}a,b,c;
```

(3)直接定义枚举变量,其定义格式如下。

```
enum { 枚举值表 }枚举变量名列表;
```

例如:

```
enum {sun,mon,tue,wed,thu,fri,sat}a,b,c;
```

说明:

(1)在 C 编译中,枚举元素被当作常量处理,亦称枚举常量。它们不是变量,不能对其进行赋值操作。例如:

```
sun=5; mon=2; sun=mon;        //这是错误的写法
```

(2)为了描述枚举常量,通常按顺序为每个枚举常量分配一个顺序号,从 0 开始顺序定义为 0,1,2,…这就使得枚举元素是一个有序号的数值。例如,在 weekday 中,sun 值为 0,mon 值为 1,…,sat 值为 6,这个序号值是可以输出的。例如:

```
enum weekday a;
a=sat;                //赋值语句
printf("%d",a);       //将输出整数 6
```

如果要改变枚举常量的值,则可以在枚举常量后面用等号直接指定一个顺序号,其后面的枚举常量均自动加 1 并编号。例如:

```
enum weekday{sun=1,mon,tue,wed,thu,fri,sat};
```

枚举常量 sun 的顺序号改为 1,后面的常量均依次改变,此时 mon 的顺序号为 2,sat 的顺序号为 7。

```
enum weekday{sun=7,mon=1,tue,wed,thu,fri,sat};
```

枚举常量 sun 的顺序号改为 7,mon 的顺序号改为 1,其后的元素顺序号依次加 1,sat 为 6。

(3)枚举值可以用来做判断比较,对枚举常量进行比较运算实际上是对顺序号的大小进行比较。例如:

```
if(a==sun)…
if(a>mon)…
if(a<sat)…
```

(4)只能把枚举值赋给枚举变量,不能把枚举元素的数值直接赋给枚举变量。例如:

```
a=sun; b=mon;         //正确写法
a=0; b=1;             //错误写法
```

如果必须把数值赋给枚举变量,则必须强制类型转换后再进行赋值。例如:

```
b=(enum weekday)1;
```

其意义是将顺序号为 1 的枚举元素赋给枚举变量 b，其等价于以下语句。

```
b=mon;
```

甚至可以将表达式赋给枚举变量。例如：

```
b=(enum weekday)(3-2);
```

或者

```
b=(enum weekday)(3-tue);
```

（5）枚举元素不是字符常量，也不是字符串常量，使用时无需加单、双引号。

【例 9.9】利用枚举类型表示一周的每一天，通过输入数字来输出对应的星期几。

编程思路：首先，声明一个枚举类型的同时定义枚举变量，罗列出一周的 7 天；其次，从键盘上输入一个整数，将其强制类型转换赋值给枚举变量；最后，将变量的值与各枚举元素的值进行比较，判断用户输入的到底是星期几，一旦符合则输出相对应的英文。

程序代码如下。

```
#include <stdio.h>
#include <stdlib.h>
int main(int argc, char *argv[]) {
    //声明枚举类型 enum weekday
    //在声明枚举类型的同时定义 day 变量
    enum weekday{sun=7,mon=1,tue,wed,thu,fri,sat}day;
    int i;
    printf("input a number(1-7):");
    scanf("%d",&i);//从键盘上输入变量 i 的值
    day=(enum weekday)i;
    switch(day){ //switch..case
        case sun: printf("Sunday"); break;
        case mon: printf("Monday"); break;
        case tue: printf("Tuesday"); break;
        case wed: printf("Wednesday"); break;
        case thu: printf("Thursday"); break;
        case fri: printf("Friday"); break;
        case sat: printf("Saturday"); break;
        default: printf("Error!");break;
    }
    printf("\n");
    return 0;
}
```

程序运行结果如图 9-15 所示。

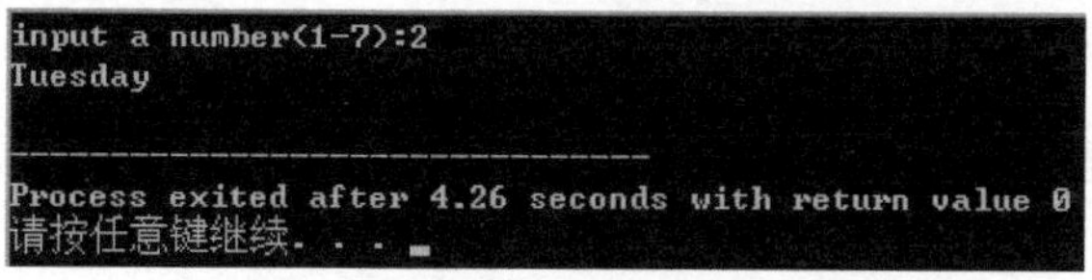

图 9-15 例 9.9 程序运行结果

9.7 使用 typedef 声明新类型名

typedef 为 C 语言的关键字，可以看作 type define 的缩写，即类型定义，也就是说，它只是给已有的类型重新定义了一个方便使用的别名，并没有产生新的数据类型。typedef 定义的一般格式如下。

```
typedef 原类型名 新类型名;
```

1. typedef 在基本数据类型中的使用

```c
typedef int MyInt;      // 相当于给 int 取了一个别名
MyInt a = 10;           // MyInt 相当于 int
int b=20;
```

需要注意的是，并不是定义了别名之后就无法使用原类型定义变量了，而只是程序重新定义了一个别名提供给用户使用，原类型仍然可以使用。

2. typedef 和指针的联合使用

```c
Char *name = "jack";
typedef char * string;    //相当于给(char *)取了一个别名 string
string name1 = "jame";
```

3. typedef 和结构体的联合使用

```c
struct date{int year; int month; int day};
typedef struct date MyDate;    // 相当于给 struct date 取了一个别名
```

也可以这样定义：

```c
typedef struct date{int year; int month; int day} MyDate;
```

或者

```c
typedef struct {int year; int month; int day} MyDate;
```

MyDate 表示 struct date 结构体类型，可以使用 MyDate 来定义结构体变量。例如：

```c
MyDate d1,d2;      // 其等价于 struct date d1,d2;
```

习 题 9

一、填空题

1.在 C 语言中,要定义一个结构体类型的变量,可采用 3 种方法,即_____、_____和_____。

2. 设有如下枚举类型定义：

```c
enum language{Basic=3,Assembly,Ada=100,COBOL,Fortran};
```

枚举量 Fortran 的值为_____。

3．若定义共用体类型如下：

```
union {double a; int b; char c;}m;
printf("%d\n",sizeof(m));
```

则输出结果为_____。

4．若定义了 enum color {yellow,green,blue=5,red,bronze};，则枚举常量 yellow 和 red 的值分别是_____。

5．若已有以下定义：

```
struct num { int a; int b; int f;}n={1,3,5};
struct num *pn=&n;
```

则表达式 pn->b/n.a*++pn->b 的值是_____，表达式(*pn).a+pn->f 的值是_____。

二、选择题

1．以下程序的运行结果是（　　）。

```
typedef union {long x[2]; int y[4]; char z[8]; }MYTYPE;
MYTYPE them;
void main()  {printf("%d\n",sizeof(them));system("pause");}
```

  A．32   B．16

  C．8   D．24

2．有如下定义：

```
struct person{ char name[9]; int age;};
struct person p[4]={ {"John",17}, {"Paul",19},
{"Mary",18}, {"Adam",16}};
```

根据以上定义，能输出字母 M 的语句是（　　）。

  A．printf("%c\n",p[3].name);   B．printf("%c\n",p[3].name[1]);

  C．printf("%c\n",p[2].name[1]);   D．printf("%c\n",p[2].name[0]);

3．以下程序中，变量 a 所占的内存字节数是（　　）。

```
union U{char st[4]; int I; long l; };
struct A {int c; union U u; }a;
```

  A．4   B．5

  C．8   D．6

4．设有变量定义如下：

```
struct stu{ int age; int num; }std,*p=&std;
```

能正确引用结构体变量 std 中成员 age 的表达式是（　　）

  A．std→age   B．*std→age

  C．*p.age   D．(*p).age

5．设有以下定义语句

```
struct { int x; int y; }d[2]={{1,3},{2,7}};
```

则 printf("%d\n",d[0].y/d[0].x*d[1].x);的输出结果是（   ）

A. 0　　　　　　　　　　　　B. 6

C. 3　　　　　　　　　　　　D. 1

三、程序阅读题

1. 写出以下程序的运行结果。

```c
#include <stdio.h>
#include <stdlib.h>
struct abc{int a; int b; int c;};
int main(int argc, char *argv[]) {
    struct abc s[2]={{1,2,3},{4,5,6}};
    int t;
    t=s[0].a+s[1].b;
    printf("%d\n",t);
    return 0;
}
```

2. 写出以下程序的运行结果。

```c
#include <stdio.h>
#include <stdlib.h>
struct st
{
    int x;
    int *y;
}*p;
int dt[4]={10,20,30,40};
struct st aa[4]={50,&dt[0],60,&dt[0],60,&dt[0],60,&dt[0]};
int main(int argc, char *argv[]) {
    p=aa;
    printf("%d\n",++(p->x));
    return 0;
}
```

四、程序填空题

1. 设有说明 enum weekday{sun,mon=100,tue,wed=101,thu,fri=5,sat}，括号中每个元素的实际值依次是_____。

2. 设有以下定义和语句，请在 printf 语句的_____中填写能够正确输出的变量及相应的格式说明。

```c
union
{
    int n;
    double x;
}num;
num.n=10;
```

```
    num.x=10.5;
    printf(_____,_____);
```

五、编程题

1. 请定义枚举类型 score，用枚举元素代表成绩的登记，如 90 分以上为优（excellent），80～89 分为良（good），70～79 分为中（general），60～69 分为合格（pass），60 分以下为差（fail），通过键盘输入一名学生的成绩，输出该学生成绩的等级。

2. 定义一个结构体变量（包括年、月、日），计算该日是当年中的第几天。

3. 用于读取 3 名学生的情况并存入结构体数组，每名学生的情况包括姓名、学号、性别。若是男同学，则要求登记视力正常与否（正常用 Y 表示，不正常用 N 表示）；若是女同学，则要求登记身高和体重。

第 10 章

文　件

教学前言

提到文件，大家一定不陌生，我们几乎每天都在使用文件。例如，用邮箱发送的附件就是以文件形式保存的信息；用手机拍摄的图片、录制的视频和音频，每一张照片、每一段音频或视频就是一个文件；用 Word/Excel 编写的内容，也是以文件的形式保存在磁盘中的。可以随时打开文件进行读写。本章主要介绍文件的概念及其相关操作，其中包括文件的打开、关闭和读写操作。

教学要点

通过本章学习，要求读者理解文件的概念；熟悉文件打开、关闭及读写的方法；掌握文件操作在程序设计中的应用方法，并能设计出对文件进行简单处理的实用程序。

10.1 初识文件

在之前的章节中，运行程序所需要的数据是从键盘上输入的，再在计算机内存中进行处理，最后程序运行的结果显示在屏幕上。当一个程序运行完成或终止运行时，程序中所有的变量的值不再保存，运行的结果也随之消失。那么能不能将程序处理的结果在程序运行完后保存起来，需要时随时读取呢？

文件是解决上述问题的有效方法，它可以把数据长久地存储在磁盘文件中。当有大量数据输出时，程序运行时可以将其输出到指定的文件中，任何时候都可以查看结果文件。同理，当有大量数据输入时，可以从指定文件中读入数据，实现数据的一次输入多次使用。

10.1.1 文件的概念

所谓文件是指存储在外部介质（可以是磁盘、U 盘、光盘等）中的一组相关数据的有序集合。这个数据集有一个名称——文件名。每个文件都有一个唯一的文件名,它是引用文件的唯一的标识符,文件名包括以下3个要素。

(1)文件路径:指文件在外部介质中的位置,路径一般以分隔符"\"来体现存储位置的嵌套层次。

(2)文件主名:其命名规则应遵循标识符的命名规则。

(3)文件扩展名(或文件后缀),位于文件主名之后,用"."符号分隔。其用来反映文件的类型或性质。

例如:

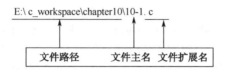

在前面的章节中我们已经多次使用了文件,如源程序文件(扩展名为.c)、可执行文件(扩展名为.exe)。文件通常驻留在外部介质中,在使用时才调入内存。操作系统是以文件为单位对数据进行管理的,也就是说,要想读取外部介质中的数据,必须先按照文件名找到相应的文件,再从文件中读取数据;要想将数据存放到外部介质中,需先在外部介质中建立一个文件,再向文件写入数据。

10.1.2 文件的分类

在C语言中,文件被看作由一个个字符或字节组成的。可以从不同的角度对文件进行分类。

1. 按文件的内容进行分类

按照文件的内容,文件可分为程序文件和数据文件。

程序文件又分为源程序文件(扩展名为.c)、目标文件(扩展名为.obj)、可执行文件(扩展名为.exe)等,这种文件的内容是程序代码。

数据文件的内容不是程序,而是提供给程序运行时读写的数据。例如,在程序运行时提供读入的数据,或在程序运行过程中输出到磁盘的数据。C语言中使用数据文件的目的在于:能够长久保存程序运行时产生的中间数据或结果数据;不同程序可以访问统一数据文件中的数据,实现数据共享。

2. 按存储介质进行分类

按照存储介质,文件可分为普通文件和设备文件。

普通文件是指驻留在磁盘或其他外部介质中的一个有序数据集,可以是源文件、目标文件、可执行程序,也可以是一组待输入处理的原始数据,或者一组输出的结果。

设备文件是指与主机相连的各种外部设备(非存储介质),如显示器、打印机、键盘等。在操作系统中,将外部设备看作一个文件来进行管理,把它们的输入和输出等同于对磁盘文件的读和写。通常把显示器定义为标准输出文件,一般情况下,在屏幕上显示有关信息就是向标准输出文件输出。

3. 按文件编码和数据的组织方式进行分类

按照文件编码和数据的组织方式，文件可分为 ASCII 文件和二进制文件。

ASCII 文件也称文本文件，这种文件在磁盘中存放时每个字符占一个字节，每个字节中存放相应字符的 ASCII 码，可以在屏幕上按字符输出显示。因此，对字符进行逐个处理比较方便，但对内存中的数据进行存储时需要转换为 ASCII 码，要花费一些转换时间。一般情况下，文件扩展名是.txt、.c、.cpp、.h 的文件大多是文本文件。

二进制文件是按二进制的编码方式来存放文件的，由于这种文件在存储介质中保存的数据采用与内存数据一致的表示形式进行存储，因此，内存中的数据存储时不需要进行数据转换，内存中的数据会原样输出到磁盘文件中，从而节省数据转换时间。但其一个字节并不对应一个字符，不能以字符形式直接输出。一般情况下，文件扩展名是.exe、.dll、.dat、.gif 的文件大多是二进制文件。图 10-1 给出了整数 567 在文本文件及二进制文件中的存储形式。

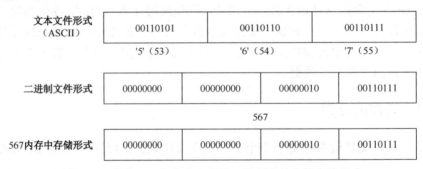

图 10-1 整数 567 在文本文件及二进制文件中的存储形式

在图 10-1 中，由于文本形式存储的数据都是以字符形式显示的，所以整数 567 被拆分为 3 个字符'5'、'6'、'7'。这 3 个字符所对应的 ASCII 码值分别是 53、54、55，长方形内的数字是该 ASCII 码对应的二进制数，每个二进制数占一个字节。

二进制文件在存储数据时是直接以二进制的形式存储的，故整数 567 在磁盘中占用 4 个字节。数据在内存中的表现形式也是二进制的形式，所以将二进制文件从硬盘中读取到内存中时不需要进行数据转换。

10.1.3 文件的缓冲机制

文件缓冲区是指计算机系统为每个正在使用的文件在内存中单独开辟出来的一段存储空间，在读写该文件时，作为数据交换的临时"存储中转站"。

文件缓冲机制是指当程序读取磁盘文件内容时，将磁盘文件中的一批数据读入到文件缓冲区中，待文件缓冲区中的数据装满后，才一次性地将这些数据输入到程序的数据区中；反之，当程序向磁盘文件写入数据时，将数据写入到文件缓冲区中，待数据写完或文件缓冲区装满后，才会一次性地将这些数据写入到磁盘文件中。文件缓冲机制示意图如图 10-2 所示。需要注意的是，不同的 C 编译系统可能有不同的缓冲区的大小。每个文件在内存中只有一个文件缓冲区，程序向磁盘文件输出数据时，其为输出文件缓冲区；从磁盘文件读入数据时，其为输入文件缓冲区。

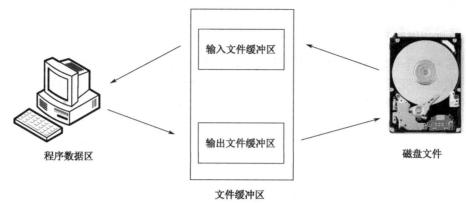

图 10-2 文件缓冲机制示意图

10.1.4 文件指针

1．文件结构体 FILE

C 语言程序在操作文件的过程中，必须保存文件的有关信息，包括文件名、文件状态标志、缓冲区大小及文件当前位置等。C 语言将这些信息保存在一个文件结构体中，文件结构是由系统定义的，取名为 FILE。FILE 结构是用 typedef 语句定义的一种类型。不同的 C 编译系统的 FILE 类型包含的内容不完全相同，下面列出 Dev C++系统对 FILE 类型的定义，该定义可从软件安装目录（如 D:\Dev C++\64 位\MinGW64\x86_64-w64-mingw32\include）的头文件 stdio.h 中找到。

```
struct _iobuf {
        char *_ptr;             //文件输入的下一个位置
        int   _cnt;             //当前缓冲区的相对位置
        char *_base;            //基础位置(即文件的起始位置)
        int   _flag;            //文件标志
        int   _file;            //文件的有效性验证
        int   _charbuf;         //检查缓冲区状况，如果无缓冲区则不读取
        int   _bufsiz;          //缓冲区的大小
        char *_tmpfname;        //临时文件名
};
typedef struct _iobuf FILE;
```

由于声明 FILE 结构体类型的信息包含在头文件 stdio.h 中，因此，在程序中必须先用 include 命令包含 stdio.h 文件，才可以直接使用 FILE 类型名定义变量。每一个 FILE 类型变量对应一个文件的信息区，在其中存放了该文件的有关信息。例如：

```
FILE file;
```

上述代码定义了一个 FILE 类型的变量 file，用它来存放一个文件的有关信息。

当然，C 语言的输入输出函数库中还提供了大量的函数，用于完成对数据文件的建立、数据的读写、数据的追加等操作，程序员在编写代码时只需调用与文件相关的函数即可，无需关心文件底层操作的细节，这使得具有文件操作的程序更容易编写。注意，FILE 必须大写。

2. 文件类型指针

C 语言程序不通过 FILE 类型变量的名称来引用这些变量，而是通过定义一个指向 FILE 类型的文件指针变量来实现对文件的操作，这一指针变量称为文件类型指针，简称文件指针。每个文件类型指针代表一个文件，定义文件指针变量的一般格式如下：

```
FILE *指针变量标识符;
```

例如：

```
FILE *fp;
```

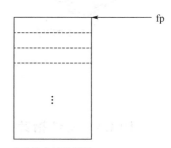

图 10-3 定义文件指针 fp

其定义的文件指针 fp 是一个指向 FILE 类型数据的指针变量，可以使 fp 指向某一个文件 file 的文件信息区，通过该文件信息区中的信息就能够访问该文件，同时对该文件的任何操作都离不开这个文件类型的指针 fp，如图 10-3 所示。

C 程序在启动时会自动创建 3 个文件指针，并使之与标准设备文件建立关联。

标准输入文件指针 stdin：与标准输入设备（键盘）关联。

标准输出文件指针 stdout：与标准输出设备（显示器）关联。

标准错误文件指针 stderr：用来输出出错信息。

10.2 文件的打开与关闭

对磁盘文件的操作一般遵循"先打开，后读写，最后关闭"的流程。这好比想要进入房间放东西或拿东西，就必须先打开房门，再拿或放东西，最后关上房门。只有打开门才能进入房间，门一关闭就无法再进入。这正如不打开文件就无法读写文件中的数据，不关闭文件就会一直占用操作系统的资源一样。而操作系统对于同时打开的文件数目是有限制的，如果程序只打开文件而不关闭文件，将很有可能出现一些意想不到的错误，如打开某文件的操作失败。因此，任何一个文件在进行读写操作之前都需要先打开，使用完毕之后要关闭。

所谓打开文件实际上是为文件准备相应的信息区（用来存放有关文件的信息）与文件缓冲区（用来存放输入输出数据），并指定一个指针变量指向该文件，在指针变量与文件之间建立起关联。关闭文件则是撤销文件信息区和文件缓冲区，断开指针与文件之间的联系，即禁止再对该文件进行操作。

10.2.1 使用 fopen 函数打开数据文件

C 语言使用 fopen 函数来实现文件的打开。fopen 函数的调用格式如下：

```
文件指针名=fopen(文件名,使用文件方式);
```

其功能是按指定的使用文件方式打开指定的文件。若文件打开成功，则为该文件分配一个文件缓冲区和一个 FILE 类型变量,返回指向该文件的指针;若文件打开失败,则返回一个空指针值(NULL)。

fopen 函数的第一个参数"文件名"是一个字符串,表示需要打开的文件名。文件名前面可以加上该文件所在的磁盘路径;第二个参数"使用文件方式"也是一个字符串,表示打开文件的方式。它由打开文件的类型和操作类型构成。打开文件的类型有以下几种:t,表示文本文件(text),b,表示二进制文件(binary)。如果不指定文件的类型,则默认是文本文件。操作类型有以下几种:r,表示从文件中读取数据(read),w,表示向文件写入数据(write),a,表示在文件尾追加数据(append),+,表示对文件可读可写。使用文件方式如表 10-1 所示。

表 10-1 使用文件方式

使用方式	处理方式	含 义	打开文件不存在时
r	只读文本文件	打开一个已存在的文件,准备从文件中读取数据,不能向文件写数据	出错
w	只写文本文件	创建一个文件,准备向文件写入数据,不能从文件中读取数据。如果文件已经存在,则这个文件将被覆盖	创建新文件
a	追加文本文件	打开一个已存在的文件,准备在文件尾追加数据,不能从文件中读取数据。如果文件不存在,则创建这个文件并准备写入数据	创建新文件
r+	读/写文本文件	打开一个已存在的文件,准备读写。既可以读取数据,又可以写入数据	出错
w+	写/读文本文件	创建一个新文件,准备读写。如果文件已经存在,则覆盖原文件	创建新文件
a+	读/追加文本文件	等价于 a,但可以从文件中读取数据	创建新文件
rb	只读二进制文件	打开一个已存在的文件,准备从文件中读取数据,不能向文件写入数据	出错
wb	只写二进制文件	创建一个文件,准备向文件写入数据,不能从文件中读取数据。如果文件已经存在,则这个文件将被覆盖	创建新文件
ab	追加二进制文件	打开一个已存在的文件,准备在文件尾追加数据,不能从文件中读取数据。如果文件不存在,则创建这个文件并准备写入数据	创建新文件
rb+	读/写二进制文件	打开一个已存在的文件,准备读写。既可以读取数据,又可以写入数据	出错
wb+	写/读二进制文件	创建一个新文件,准备读写。如果文件已经存在,则覆盖原文件	创建新文件
ab+	读/追加二进制文件	等价于 ab,但可以从文件中读取数据	创建新文件

在表 10-1 中,有 12 种文件使用方式,其中 r、w、a、r+、w+、a+这 6 种方式是针对文本文件的,rb、wb、ab、rb+、wb+、ab+这 6 种方式是针对二进制文件的。例如:

```
FILE *fp;
fp=fopen("D:\\test.txt","r");
```

上述代码先定义了一个指向文件的指针变量 fp,再在打开一个文件时,指明需要打开

D 盘中的 test.txt 文件，且使用只读的方式打开它，最后使 fp 指向该文件，这样 fp 就和 test.txt 文件建立了关联。

如果 fopen 函数中文件名不包含磁盘路径，那么程序会自动到当前项目中查找指定文件名的文件。例如：

```
FILE *fp;
fp=fopen("test.txt","r");
```

程序以只读方式，打开当前项目中的 test.txt 文件，fp 指向该文件。

如果文件名包含磁盘路径，那么程序会到指定磁盘路径中查找与之匹配的文件。例如：

```
FILE *fp;
fp=fopen("D:\\workspace\\test.txt","r");
```

其等价于以下列语句：

```
fp=fopen("D:/ workspace/test.txt","r");
```

其中，D:\\workspace\\是磁盘路径，test.txt 是文件名，表示程序以只读方式打开 D 盘 workspace 目录中的 test.txt 文件，fp 指向该文件。

注意事项：

（1）使用文件方式由打开文件的类型和操作类型构成，且操作类型在前，打开文件的类型在后。例如，rb、ab，但不可写成 br、ba。对于+来说，可以放在操作类型的右边，也可以放在字符串的最后，但不可放在操作类型的左边。例如，w+b、wb+是正确的，而+wb 是错误的。

（2）打开文件时，一旦发生以下情况，打开文件操作就会失败，fopen 函数会返回一个不指向任何对象的空指针值。

① 给定的路径中没有指定的文件；

② 文件名拼写错误。

③ 试图以不正确的使用方式打开某个文件。

（3）在程序中经常通过检测函数 fopen 是否返回 NULL 值来判断打开文件操作是否成功。

【例 10.1】 打开一个用于只读的文本文件，文件名为"example1.txt"，并检测文件是否打开成功。

编程思路： 首先，定义一个指向文件的指针变量 fp；其次，通过只读文本文件方式和文件名确定 fopen 函数的写法，即 fp=fopen("example1.txt","r");，最后，检测 fp 是否为空指针值 NULL，如果是，则说明文件打开失败，直接在终端上输出"指定的文件打开失败"，否则说明文件打开成功，直接在终端上输出"指定的文件打开成功"。

程序代码如下。

```
#include <stdio.h>
#include <stdlib.h>
int main(int argc, char *argv[]) {
    FILE *fp;            //定义一个指向文件的指针变量
    //只读文本文件的方式为 r 或 rt，文件名为 example1.txt
    fp=fopen("example1.txt","rt");
    //通过 fopen 函数是否返回 NULL 值来判断打开文件操作是否成功
```

```
            if(fp==NULL) {       //如果返回空指针值 NULL,则说明打开文件失败
                printf("指定的文件打开失败");
            } else {             //否则打开文件成功
                printf("指定的文件打开成功");
            }
            printf("\n");
            return 0;
        }
```

程序运行结果如图 10-4 所示。

图 10-4　例 10.1 程序运行结果

10.2.2　使用 fclose 函数关闭数据文件

文件在使用完后应该及时关闭,以防被误用。执行关闭文件操作时,系统会将文件缓冲区中的数据写入文件,并释放文件指针指向的存放文件信息结构体的内存资源,否则可能会引起数据的丢失。释放文件指针后不能再通过该指针对原对应的文件进行读写操作,除非再次用该指针变量打开该文件。为确保文件中的数据不丢失,C 语言使用文件的关闭函数 fclose 进行关闭,其调用格式如下。

```
fclose(文件指针);
```

功能是关闭文件指针指向的文件,释放该文件的缓冲区、FILE 类型变量及文件指针。其若文件关闭成功,则返回 0;若关闭失败,则返回非 0 值。其中的"文件指针"参数就是打开文件操作时 fopen 函数返回值的 FILE 指针变量。在程序中,可以根据函数的返回值判断文件是否关闭成功。

例如,下面的程序用于打开和关闭一个文件名为"example1.txt"的文件。

```
        #include <stdio.h>
        #include <stdlib.h>
        int main(int argc, char *argv[]) {
            FILE *fp;                //定义一个指向文件的指针变量
            //可读写文本文件的方式为 r+或 rt+,文件名为 example1.txt
            fp=fopen("example1.txt","r+");
            //通过 fopen 函数是否返回 NULL 值来判断打开文件操作是否成功
            if(fp==NULL) {           //如果返回空指针值 NULL,则说明打开文件失败
                printf("指定的文件打开失败");
            } else {
                ..........           //读取和加工数据
                fclose(fp);          //关闭文件
            }
            printf("\n");
            return 0;
        }
```

使用 fopen 函数打开文件时所返回的指针赋给 fp，程序经过读取和加工数据之后，使用 fclose 函数使文件指针 fp 与文件断开联系，此后 fp 不再指向该文件。

10.3 文件的顺序读写

打开文件后会返回一个指向该文件的文件类型指针，在程序中通过这个指针执行对文件的读和写操作。顺序读写文件指的就是对文件的访问次序要按照数据在文件中的实际存放次序来进行，每次读写一个字符，即读写完一个字符后，位置指针自动移动指向下一个字符，不允许文件位置指针以跳跃的方式来读取数据或插入到任意位置写入数据。

C 语言提供了多种顺序读写文件的函数，使用这些函数都要求在程序中包含头文件 stdio.h，这些函数主要分为以下 4 类。

（1）字符读写函数：fgetc 和 fputc。
（2）字符串读写函数：fgets 和 fputs。
（3）数据块读写函数：fread 和 fwrite。
（4）格式化读写函数：fscanf 和 fprintf。

针对文本文件和二进制文件的不同性质，对于文本文件来说，可按字符读写、按字符串读写或按格式化读写；对于二进制文件来说，可进行成块的读写。

10.3.1 字符读写函数

C 语言提供了 fgetc 和 fputc 函数对文本文件进行字符的读写。

1. 读取文件中一个字符的函数 fgetc

fgetc 的第 1 个字母 f 代表文件（file），中间的 get 表示获取，最后一个字母 c 表示字符（character），fgetc 的含义是从文件指针所指向的文件中读取一个字符到字符变量中。fgetc 函数的一般调用格式如下。

```
字符变量=fgetc(文件指针);
```

其功能是从输入流的当前位置返回一个字符，并将文件位置指针移到下一个字符处。例如：

```
FILE *fp;
char c;
c=fgetc(fp);
```

fgetc 函数返回读取的字符，如果文件位置指针移到了文件结尾，则返回 EOF（即-1）。

要知道对文件的读写是否完成，只需看文件读写位置是否移到文件的末尾。当文件指针移动到文件的最后一个字符时，C 语言系统会返回文件的结束标志 EOF。EOF 是一个系统常量，它是在头文件 stdio.h 中被定义的，其值被定义为-1。

stdio.h 头文件中的定义如下。

```
#define EOF  (-1)
```

EOF 判断文件是否结束只适用于文本文件，而不适用于二进制文件；对于二进制文件，直接使用 feof 函数判断文件是否结束，当 feof 函数的返回值为 1 时，表明文件位置指针已经到达文件的结束位置，否则返回值为 0，表明文件还未结束。feof 函数的判断方法对于文本文件也是非常有效的。

2．写入一个字符到文件中的函数 fputc

fputc 的第 1 个字母 f 代表文件，中间的 put 表示放入，最后一个字母 c 表示字符，fputc 的含义是将字符变量写入到文件指针指向的文件中。fgetc 函数的一般调用格式如下。

```
fputs(字符变量,文件指针);
```

其功能是将字符变量的值写入所指定的流文件的当前位置，并将文件位置指针后移一位。例如：

```
FILE *fp;
char c;
fputc(c,fp);
```

fputc 函数具有返回值，当向文件输出字符成功时，返回输出的字符，当输出失败时，返回一个 EOF（即-1）。

【例 10.2】从键盘上输入一些字符，并逐个将它们写入到指定的文件 example2.txt 中，直至用户输入"#"结束，并将其显示到屏幕上。

编程思路：以"w"或"wt"方式打开指定的文本文件 example2.txt，从键盘上接收字符，使用 fputc 函数将输入的字符逐个写入到指定的文件中，直至在键盘上输入"#"结束写入，最后关闭文件。

程序代码如下。

```c
#include <stdio.h>
#include <stdlib.h>
int main(int argc, char *argv[]) {
    FILE *fp;
    char ch;
    //写文本文件的方式为 w 或 wt,文件名为 example2.txt
    fp=fopen("example2.txt","w");
    if(fp==NULL) {                //如果返回空指针值 NULL,则说明打开文件失败
        printf("指定的文件打开失败");
    } else {                      //否则打开文件成功
        printf("请输入一些字符:");
        ch=getchar();             //接收从键盘上输入的一个字符
        while(ch!='#') {          //输入'#'字符时结束循环
            fputc(ch,fp);         //向指定的文件写入一个字符
            putchar(ch);          //将字符输出到终端屏幕上
            ch=getchar();         //循环接收从键盘上输入的字符
        }
        fclose(fp);               //关闭文件
        printf("\n");
    }
    return 0;
}
```

程序运行结果如图 10-5 所示。

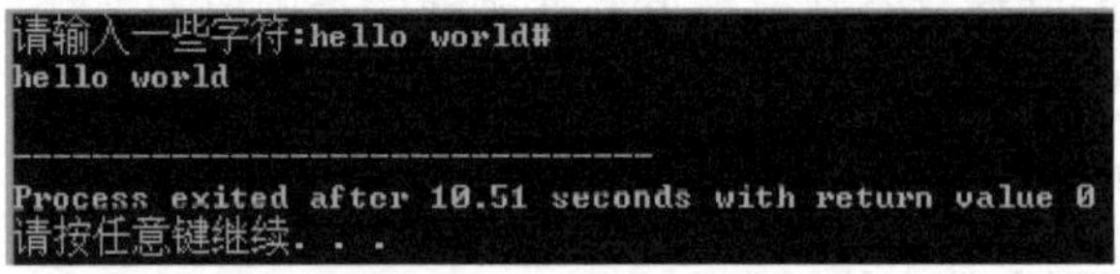

图 10-5　例 10.2 程序运行结果

10.3.2　字符串读写函数

C 语言提供了 fgets 和 fputs 函数对文本文件进行字符串的读写。

1．读取文件中一个字符串的函数 fgets

fgets 函数的一般调用格式如下。

```
fgets(str,n,fp);
```

其功能是从一个文件指针指向的文件中读取指定长度的字符串。其中，参数 fp 为文件指针，参数 str 为字符数组，用来存放文件中读取出来的字符串，参数 n 则指定要获取字符串的长度。实际上，fgets 函数最多只能从文件中获取 n-1 个字符，因为在读取字符串的最后位置，系统将自动添加一个'\0'字符。

如果函数在读取 n-1 个字符之前碰到了换行符'\n'或文件结束符 EOF，则系统会中止读入，并将遇到的换行符当作有效的读入字符。

fgets 函数在执行成功以后，会将字符数组 str 的地址作为返回值，如果读取数据失败或一开始读取就遇到了文件结束符，则返回一个 NULL 值。

2．写入一个字符串到文件中的函数 fputs

fputs 函数的一般调用格式如下。

```
fputs(str,fp);
```

其功能是把 str 所指向的字符串写入到文件指针变量 fp 所指向的文件中。

fputs 函数中第一个参数"str"可以是字符串常量、字符数组名或字符型指针。字符串 str 尾部的结束符'\0'不写入文件，如果向文件输出字符串操作成功，则返回 0 值；如果输出失败，则返回一个 EOF（即-1）。

【例 10.3】 从键盘上输入若干个字符串，逐一将其写入到指定的文件 example3.txt 中，并在屏幕上显示。

编程思路：首先，以"w"或"wt"方式打开指定的文本文件 example3.txt；其次从键盘上输入 *n* 个字符串，存放在一个二维字符数组中，每个一维数组存放一个字符串；最后对字符数组中的 *n* 个字符串逐一调用 fputs 函数写入到指定的文本文件中，并调用 puts 函数输出每一个字符串。

程序代码如下。

```
#include <stdio.h>
#include <stdlib.h>
#include <string.h>
```

```
int main(int argc, char *argv[]) {
    char str[3][81];                //假设用户可以输入3个字符串
    int n=3,i;
    FILE *fp;                        //文件指针
    //写文本文件的方式为w或wt,文件名为example3.txt
    fp=fopen("example3.txt","w");
    if(fp==NULL) {                   //如果返回空指针值NULL,则说明打开文件失败
        printf("指定的文件打开失败");
    } else {
        printf("请输入3个字符串:\n");   //提示输入字符串
        for(i=0;i<n;i++) {            //循环从键盘上输入字符串
            gets(str[i]);             //输入字符串
        }
        printf("字符串开始写入文件并显示在屏幕终端:\n");
        for(i=0;i<n;i++) {
            fputs(str[i],fp);         //将字符串写入到指定的文件中
            fputs("\n",fp);           //在文件中加入"\n"作为字符串分隔符
            puts(str[i]);             //等价于printf("%s\n",str[i]);
        }
        fclose(fp);                   //关闭文件
    }
    return 0;
}
```

程序运行结果如图10-6所示。

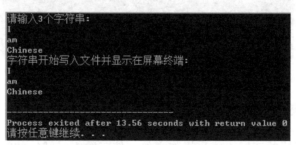

图10-6 例10.3程序运行结果

注意事项:

字符串在文件中作为独立的一行,需要用 fputs("\n",fp);语句为这一个字符串添加一个换行符;否则连续输出的多个字符串将成为一个整体,这样在今后读取数据时将无法把这些字符串有效区分开。

【例10.4】 从指定的文本文件example4.txt中读取字符串,并且将数据显示在终端屏幕上。

编程思路: 以"r"或"rt"方式打开指定的文本文件example4.txt,调用fgets函数从指定的文件中读取字符串,并在屏幕终端显示数据,最后关闭文件。

程序代码如下。

```
#include <stdio.h>
#include <stdlib.h>
```

```c
int main(int argc, char *argv[]) {
    char str[3][81];
    int i=0;
    FILE *fp;                          //文件指针
    //写文本文件的方式为 r 或 rt，文件名为 example4.txt
    fp=fopen("example4.txt","r");
    if(fp==NULL) {                     //如果返回空指针值 NULL，则说明打开文件失败
        printf("指定的文件打开失败");
    } else {
        printf("从指定的文件读取字符串进行输出:\n");
        //指定一次读入 30 个字符，遇到换行符或者文件结束符 EOF 时停止读入
        while(fgets(str[i],30,fp)!=NULL) {
            printf("%s",str[i]);
            i++;
        }
        fclose(fp);                    //关闭文件
        printf("\n");
    }
    return 0;
}
```

程序运行结果如图 10-7 所示。

图 10-7　例 10.4 程序进行结果

10.3.3　数据块读写函数

C 语言提供了成块的读写方式来操作文件，使其数组或结构体等类型可以进行一次性读写。关于成块的文件读写，在创建文件时只能以二进制文件格式创建。成块读写文件函数为 fread()和 fwrite()，下面分别介绍这两个函数。

1. 读取文件中一组数据的函数 fread

fread 函数可从指定的文件中读入一组数据，其一般调用格式如下。

```
fread(buffer,size,count,fp)
```

其中，参数 buffer 为指向为存放读入数据设置的缓冲区的指针或作为缓冲区的字符数组，参数 size 为读取的数据块中每个数据项的长度（单位为字节），参数 count 为要读取的数据项的个数，fp 是文件指针。fread 函数从文件指针 fp 指向的文件的当前位置开始，读取 count 次，每次读取 size 大小的数据，并将其放到 buffer 所指向的字符数组中。

如果执行 fread 函数时没有遇到文件结束符，则实际读取的数据长度应为 size*count

(字节)。

fread 函数在执行成功以后,会将实际读取到的数据项个数作为返回值返回;如果读取数据失败或一开始就遇到文件结束符,则返回一个 NULL 值。

2. 写入一组数据到文件中的函数 fwrite

fwrite 函数用于将一个字符串写入到指定的文件中,其一般调用格式如下。

```
fwrite(buffer,size,count,fp);
```

其中,参数 buffer 是一个指针,它指向输出数据缓冲区的首地址,参数 size 为待写入文件的数据块中每个数据项的长度(单位是字节),参数 count 为待写入文件的数据项的个数,参数 fp 是文件指针。fwrite 函数是在 buffer 指针所指的缓冲区中取出长度为 size 个字节的数据,连续取 count 次,并将其写到 fp 文件指针指向的文件中。如果文件输出操作成功,则返回写入的数据块的个数,如果输出失败,则返回 NULL。

注意事项:

利用 fread 函数和 fwrite 函数读写二进制文件时非常方便,可以对任何类型的数据进行读写。当 fread 和 fwrite 调用成功时,函数将返回 count 的值,即输入输出数据项的个数。

【例 10.5】 从键盘上输入 3 名学生的基本信息,包括学生姓名、学号、年龄,将这些信息保存到当前目录的文件 example5.dat 中,并显示在屏幕上。

编程思路: 定义一个结构体类型用来存放学生的基本信息,以 "wb" 方式打开指定的二进制文件 example5.dat,利用 fwrite 函数将输入的学生信息写入到文件中,利用 fread 函数从文件中读取学生的基本信息并显示在屏幕上,最后关闭文件。

程序代码如下。

```
#include <stdio.h>
#include <stdlib.h>
#define SIZE 3
struct student_info {        //将学生基本信息的数据结构定义为一个结构体
    char stu_name[10];
    char stu_no[20];
    int age;
}stu[SIZE];                  //定义学生基本信息结构体对象数组,以存放3名学生的信息
void save() {
    int i;
    FILE *fp;                //文件指针
    //写二进制文件的方式为wb,文件名为example5.dat
    fp=fopen("example5.dat","wb");
    if(fp==NULL) {           //如果返回空指针值NULL,则说明打开文件失败
        printf("指定的文件打开失败");
    } else {
        for(i=0;i<SIZE;i++) {    //循环向文件写入学生信息
            if(fwrite(&stu[i],sizeof(struct student_info),1,fp)!=1)
                printf("写入数据失败");
        }
        printf("写入数据成功\n");
        fclose(fp);
```

```
        }
    }
    void read() {
        int i;
        FILE *fp;                               //文件指针
        //读取二进制文件的方式为 rb,文件名为 example5.dat
        fp=fopen("example5.dat","rb");
        if(fp==NULL) {                          //如果返回空指针值 NULL,则说明打开文件失败
            printf("指定的文件打开失败");
        } else {
            //循环读取每名学生的基本信息
            for(i=0;i<SIZE;i++) {
                fread(&stu[i],sizeof(struct student_info),1,fp);
                printf("%-10s %-10s %4d\n",stu[i].stu_name,stu[i].stu_no,stu[i].age);
            }
            printf("读取数据成功\n");
            fclose(fp);
        }
    }
    int main(int argc, char *argv[]) {
        int i;
        printf("请依次从键盘输入 3 个学生的基本信息:\n");
        for(i=0;i<SIZE;i++) {
            scanf("%s%s%d",&stu[i].stu_name,&stu[i].stu_no,&stu[i].age);
        }
        printf("开始写入数据\n");
        save();             //调用 save()函数,将输入的数据保存到指定的文件中
        printf("开始读取数据\n");
        read();             //调用 read()函数,从指定的文件中读取数据并显示在终端屏幕上
        return 0;
    }
```

程序运行结果如图 10-8 所示。

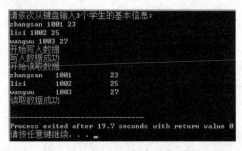

图 10-8 例 10.5 程序运行结果

10.3.4 格式化读写函数

在前面的程序设计中,已经介绍过利用 scanf 和 printf 函数从键盘上进行格式化输入以

及在终端屏幕上进行格式化输出。对文件的格式化读写就是在上述函数的前面加一个字母 f，即 fscanf()和 fprintf()。下面分别对这两个函数进行介绍。

1. 格式化输入函数 fscanf

fscanf 函数用于从指定的文件中将一系列指定格式的数据读取出来，其一般调用格式如下：

```
fscanf(fp,format,&argument1,&argument2,…, &argumentn);
```

其中，参数 fp 是文件指针，参数 format 是格式字符串，参数&argument1, &argument2,……, &argumentn 是输入列表。fscanf 函数从文件指针 fp 所指向的文件中，按照 format 规定的格式，将 n(n≥1)个数据读取出来，并分别放入到对应的 n 个变量 argumentk(1≤k≤n)中。

例如，下列程序用于从 fp 指向的文件中，将文件位置指针开始处的 3 个数据分别读入到字符串变量 name、整型变量 age 和实型变量 grade 中。

```
char name[10]; int age; float grade;
fscanf(fp, "%s,%d,%f",&name,&age,&grade);
```

2. 格式化输出函数 fprintf

fprintf 函数用于将一系列格式化的数据写入到指定的文件中，其一般调用格式如下。

```
fprintf (fp,format,argument1,argument2,…, argumentn);
```

其中，参数 fp 是文件指针，参数 format 是格式字符串，参数 argument1,argument2,…, argumentn 是输出列表。fprintf 函数将 n(n≥1)个变量 argument1,argument2,…, argumentn，按照 format 规定的格式，写入到文件指针 fp 指向的文件中。

例如，下列程序用于将一名学生的信息，即字符串变量 name 的值、整型变量 age 的值和实型变量 grade 的值，分别按%s、%d 和%5.1f 的格式输出到 fp 指向的文件中。

```
char name[]="Json";
int age=25;
float grade=90.5;
fprintf(fp, "%s,%d,%5.1f ",name,age, grade);
```

注意事项：

（1）使用 fprintf 函数和 fscanf 函数对磁盘进行读写非常方便，但是由于在输入时要将数据的 ASCII 码值转换成二进制的形式，输出时又需要将二进制形式转换成字符形式，而需要花费一定的时间，因此，在内存与磁盘频繁交换数据的情况下，最好不用 fprintf 和 fscanf 函数，可改用 fread 函数和 fwrite 函数。

（2）使用 fscanf 函数从文件中进行格式化输入时，要保证格式字符串所控制的数据格式与文件中的数据类型一致，否则将会出错。

（3）fprintf 和 fscanf 函数与前面学习过的 scanf 和 printf 函数的功能类似，都是格式化读写函数。它们的区别在于 fscanf 函数和 fprintf 函数的读写对象是磁盘文件，而 scanf 和 printf 函数的读写对象是键盘和显示器。

【例 10.6】从键盘上输入一个字符串和整数，将它们写入到当前目录的文件 example6.txt 中，并从文件中将数据读取出来且显示在屏幕上。

编程思路：首先，以"w"或"wt"写入方式打开 example6.txt 文本文件，用 scanf 函数从键盘上输入字符串%s 和整数%d，用 fprintf 函数将键盘输入的数据写入到文件中，关闭文件；其次，以"r"或"rt"读取方式再次打开 example6.txt 文本文件，用 fscanf 函数从指定的文件中读取数据；最后，使用 printf 函数输出从文件中读取出来的字符串和整数，并关闭文件。

程序代码如下。

```
#include <stdio.h>
#include <stdlib.h>
int main(int argc, char *argv[]) {
    FILE *fp;                          //文件指针
    char name[81];                     //姓名，字符型
    int age;                           //年龄，整型
    //写入文本文件的方式为 w 或 wt，文件名为 example6.txt
    fp=fopen("example6.txt","w");
    if(fp==NULL) {                     //如果返回空指针值 NULL，则说明打开文件失败
        printf("指定的文件打开失败");
    } else {
        //从键盘上输入字符串和整数
        printf("请输入一个字符串和整数:");
        scanf("%s%d",name,&age);
        //用 fprintf 函数将键盘输入的数据写入文件
        fprintf(fp,"%s %d",name,age);
        //关闭文件
        fclose(fp);
        //读取文本文件的方式为 r 或 rt，文件名为 example6.txt
        fp=fopen("example6.txt","r");
        //用 fscanf 函数从文件中读取数据
        fscanf(fp,"%s%d",name,&age);
        printf("从文件中读取一个字符串和整数:");
        printf("%s %d\n",name,age);
        fclose(fp);
    }
    return 0;
}
```

程序运行结果如图 10-9 所示。

图 10-9 例 10.6 程序运行结果

10.4 文件的随机读写

前面介绍了对文件的顺序读写操作，这些操作都是从文件的某个有效位置开始的，依

照数据在文件中存放的先后次序进行读写，在读写过程中，文件位置指针自动移动。但在实际应用中，往往需要对文件中某个特定位置的数据进行处理，也就是说，在读完某一个字符后，并不一定要读写其后续数据，可能会强制性地将文件位置指针移动到其他指定的位置，并读取该位置的数据，这就是随机读写文件。

C 语言提供了对文件的随机读写函数，在随机方式下，系统并不按照数据在文件中的物理顺序进行读写，而是可以读取文件任何有效位置的数据，也可以将数据写入任意有效的位置。C 语言通过提供文件定位函数来实现随机读写功能，下面分别介绍这些文件定位函数。

10.4.1 fseek 函数

fseek 函数可以实现改变文件位置指针到指定位置的操作。fseek 函数的原型为

```
int fseek(FILE *fp,long offset,int origin);
```

其等价于：

```
int fseek(文件类型指针，位移量，起始点);
```

其中，参数 fp 为打开的文件指针，参数 offset 为文件位置指针移动的位移量（单位为字节），参数 origin 表示文件位置指针移动的起始点（或称基点）。执行 fseek 函数后，文件位置指针新的位置是以起始点为基准，向后（offset 为正值）/或向前（offset 为负值）移动 offset 个字节。文件位置指针的新位置可以用公式"origin+offset"来计算得出。

二进制文件的基点 origin 可以取以下 3 个常量值之一。

（1）SEEK_SET（也可直接用数字 0 表示）：此时文件位置指针从文件的开始位置进行移动。

（2）SEEK_CUP（对应值为 1）：此时文件位置指针从文件的当前位置进行移动。

（3）SEEK_END（对应值为 2）：此时文件位置指针从文件的结束位置进行移动。

文本文件的基点 origin 只能取 SEEK_SET 常量值（或取 0 值），而 origin 的值应为 0。

fseek 函数常用于二进制文件，不太适用于文本文件，因为文本文件要进行字符的转换，这会为文件位置指针的计算带来混乱 fseek 函数会返回一个整型值，如果函数执行成功，则返回 0；否则，返回一个非 0 值。

例如：

```
fseek(fp,50L,1);      //将 fp 指向的文件的位置指针向后移动到离当前位置 50 个字节处
fseek(fp,-100L,2);    //将 fp 指向的文件的位置指针从文件末尾处向前回退 100 个字节
```

文件的随机读写在移动位置指针之后进行，即可用前面介绍的任一种读写函数进行读写。

【例 10.7】 向任意一个二进制文件中写入一个字符串，从该字符串的第 5 个字符开始，输出剩余的字符。

编程思路： 首先，以"wb"写入方式打开一个从键盘上输入文件名的二进制文件，使用 scanf 函数从键盘上输入一个字符串 str，使用 fputs 函数将字符串 str 写入到文件中，关闭文件；其次以"rb"读取方式再次打开指定的二进制文件，使用 fseek 函数将 fp 指向的文件的位置指针向后移动到离文件的开始位置 4 个字节处，使用 fgets 函数从指定的文件中

读取字符串内容；最后，使用 puts 函数输出从文件中读取出来的字符串 str，并关闭文件。

程序代码如下。

```c
#include <stdio.h>
#include <stdlib.h>
int main(int argc, char *argv[]) {
    FILE *fp;                           //文件指针
    char filename[20],str[50];          //定义两个字符型数组
    printf("请输入要写入数据的文件名:");
    scanf("%s",filename);
    fp=fopen(filename,"wb");            //写二进制文件的方式为 wb
    if(fp==NULL) {                      //如果返回空指针值 NULL，则说明打开文件失败
        printf("指定的文件打开失败");
    } else {
        printf("输入一个字符串:");
        scanf("%s",str);
        fputs(str,fp);                  //用 fputs 函数将字符串写入到文件中
        fclose(fp);                     //关闭文件
        fp=fopen(filename,"rb");        //读二进制文件的方式:rb
        //fseek 函数将 fp 指向的文件的位置指针向后移动到离文件的开始位置第 4 字节处
        fseek(fp,4L,0);
        fgets(str,sizeof(str),fp);      //用 fgets 函数从指定的文件读取字符串内容
        puts(str);                      //用 puts 函数输出字符串
        fclose(fp);
    }
    return 0;
}
```

程序运行结果如图 10-10 所示。

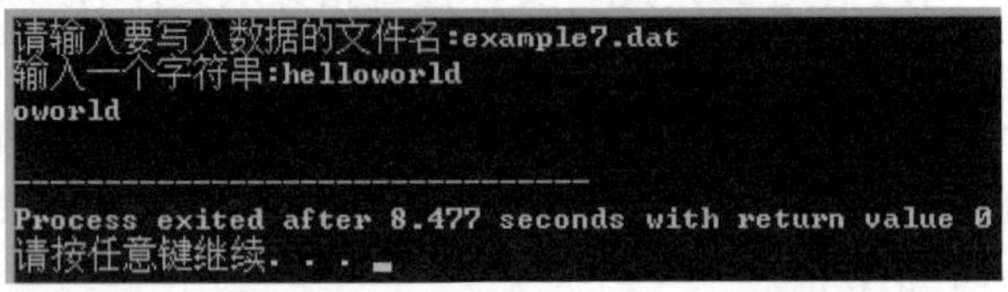

图 10-10　例 10.7 程序运行结果

10.4.2　rewind 函数

rewind 函数用于将文件的位置指针移动到文件的开头处。rewind 函数的原型为

```c
void rewind(FILE *fp);
```

其中，参数 fp 是文件指针，指向当前操作的文件。

rewind 函数没有返回值，其作用在于：如果要对文件进行多次读写操作，则可以在不关闭文件的情况下，将文件位置指针重新设置到文件开头，从而重新读写此文件。如果没有 rewind 函数，则每次重新操作文件之前，需要将该文件关闭后重新打开，这种方式不仅效率低下，操作也不方便。

【例 10.8】把一个文本文件的内容显示在屏幕上，同时将其复制到另一个文本文件中。

编程思路： 首先，定义两个文件指针 fp1 和 fp2，其中 fp1 用于只读打开某个文本文件，fp2 用于只写打开文件，循环用 fgetc 函数从文件中逐个读字符，用 feof 函数来判断文件指针是否读取到文件的末尾，文件内容读取完毕后，fp1 指向文件的末尾；其次，用 rewind 函数使 fp1 返回到文件的开始位置，再次循环读取文件内容，用 fputc 函数向 fp2 指向的文件中逐个写字符；最后，关闭文件。

程序代码如下。

```
#include <stdio.h>
#include <stdlib.h>
int main(int argc, char *argv[]) {
    FILE *fp1, *fp2;                          //定义两个文件指针
    char filename1[20],filename2[20];         //定义字符型数组
    printf("请输入待读取内容的文件名:");
    scanf("%s",filename1);                    //输入文件名
    //以读方式打开文本文件:r 或 rt
    fp1 = fopen(filename1, "r");
    if(fp1==NULL) {
        printf("指定的文件打开失败");
    } else {
        printf("输出文件的内容如下：\n");
        while(!feof(fp1)) {         //使用 feof 判断文件指针是否读取到文件的末尾
            putchar(fgetc(fp1));    //输出内容显示在屏幕上
        }
        printf("\n");
        printf("请输入待写入内容的文件名:");
        scanf("%s",filename2);
        //以写方式打开文本文件:w 或 wt
        fp2 = fopen(filename2, "w");
        rewind(fp1);                //fp1 回到文件的开始位置
        while(!feof(fp1)) {
            fputc(fgetc(fp1),fp2);  //使用 fputs 函数向 fp2 指向的文件写入数据
        }
        printf("写入内容完成\n");
        fclose(fp1);                //关闭文件
        fclose(fp2);
    }
    return 0;
}
```

程序运行结果如图 10-11 所示。

图 10-11 例 10.8 程序运行结果

10.4.3 ftell 函数

ftell 函数用于获得并返回文件位置指针的当前值。ftell 函数的原型为

```
long ftell(FILE *fp);
```

其中，参数 fp 是文件指针，指向当前操作的文件。

ftell 函数的返回值为文件位置指针的当前位置。如果 ftell 函数执行时出现错误，则返回长整型的-1（即-1L）。

若二进制文件中存放的是结构体类型的数据，则可以通过以下程序段计算出该文件中以该结构体为单位的数据块的个数。

```
//n 表示文件中以该结构体为单位的数据块的个数
long i,n;
//fseek 函数将 fp 指向的文件的位置指针从文件末尾向前回退 0 字节
fseek(fp,0L,2);
i=ftell(fp);       //i 表示文件当前指针的位置
n=i/sizeof(struct student);
```

习 题 10

一、填空题

1. 要将一个结构数组存入一个二进制文件，应当使用_____函数。
2. 假设 fp 是指向某文件的指针，文件操作结束之后，关闭文件指针应使用_____语句。
3. 函数调用语句 fseek(fp,-10L,2);的含义是_____。
4. 根据数据的组织形式，C 语言将文件分为_____和_____两种类型。
5. 若要求以读写方式打开文本文件 stu.txt，则语句为_____。

二、选择题

1. 以下可作为 fopen 函数中第一个参数的正确格式是（   ）。
   A．C:user\text.txt   B．C:\user\text.txt
   C．"C:\user\text.txt"   D．"C:\\user\\text.txt"
2. 对文件的基本操作过程是（   ）。
   A．打开→操作→关闭   B．打开（可省）→操作→关闭
   C．打开→操作→关闭（可省）   D．以上 3 个答案都不对
3. 为了显示一个文本文件中的内容，在打开文件时，文件的打开方式应当是（   ）。
   A．"r+"   B．"w+"   C．"wb+"   D．"ab+"
4. C 语言可以处理的文件类型是（   ）。
   A．文本文件和数据文件   B．文本文件和二进制文件

C. 数据文件和二进制文件　　　　D. 以上答案都不完整

5. 为了改变文件的位置指针，应当使用的函数是（　　）。

A. fseek()　　　B. rewind()　　　C. ftell()　　　D. feof()

三、程序阅读题

1. 写出以下程序运行后，文件 test.txt 中的内容（　　）。

```c
#include <stdio.h>
#include <stdlib.h>
#include <string.h>
void fun(char *fname,char *st) {
    FILE *myf;
    int i;
    myf=fopen(fname,"w");
    for(i=0;i<strlen(st);i++)
        fputc(st[i],myf);
    fclose(myf);
}
int main(int argc, char *argv[]) {
    fun("test.txt","new world");
    fun("test.txt","hello");
    return 0;
}
```

2. 写出以下程序的运行结果（　　）。

```c
#include <stdio.h>
#include <stdlib.h>
int main(int argc, char *argv[]) {
    FILE *fp;
    int i=20,j=30,k,n;
    fp=fopen("test.txt","w");
    fprintf(fp,"%d\n",i);
    fprintf(fp,"%d\n",j);
    fclose(fp);
    fp=fopen("test.txt","r");
    fscanf(fp,"%d%d",&k,&n);
    printf("%d %d\n",k,n);
    fclose(fp);
    return 0;
}
```

四、程序填空题

1. 以下程序的功能是统计文件中字符的个数，请将程序补充完整。

```c
int main(int argc, char *argv[]) {
    FILE *fp;
```

```
        long num=0L;
        if((fp=fopen("test.txt","r"))==NULL){
            printf("Open error\n");
        } else {
            while(_____) {
                _____
                num++;
            }
            printf("num=%1d\n",num-1);
            fclose(fp);
        }
        return 0;
}
```

2. 以下程序的功能是将一个名为"old.dat"的文件复制到一个名为"new.dat"的文件中，请将程序补充完整。

```
int main(int argc, char *argv[]) {
FILE * fp1, *fp2 ;
    int  c ;
    fp1=fopen("old.dat",_____);
    fp2=fopen("new.dat",_____);
    c=getc(fp1);
    while(c!=EOF) {
        fputc(c,fp2);
        c=fgetc(fp1);
    }
    fclose(fp1);
    fclose(fp2);
    return 0;
}
```

五、编程题

1. 从键盘上输入一个字符串，将其中的小写字母全部转换成大写字母，并输出到磁盘文件"test1.txt"中进行保存，输入的字符串以!表示结束。

2. 假设文件 number.dat 中存放了一组整数，请编程统计并输出文件中正整数、负整数和零的个数。

3. 将 5 名职工的信息从键盘上输入，并将其保存在 employee.dat 中，从文件中输出职工信息。假设职工信息包括职工号、姓名、性别、年龄和工资。

附录 A ASCII 码表　　　　附录 B C 语言运算符优先级和结合性　　　　附录 C C 语言常用库函数